Werner Stiell

Wintergärten und Sommergärten

Werner Stiell

Wintergärten und Sommergärten

Planung | Ausführung | Fehlervermeidung

Fraunhofer IRB Verlag

Bibliografische Information der Deutschen Nationalbibliothek:
Die Deutsche Nationalbibliothek verzeichnet diese Publikation in der Deutschen Nationalbibliografie; detaillierte bibliografische Daten sind im Internet über www.dnb.de abrufbar.

ISBN (Print): 978-3-7388-0881-0
ISBN (E-Book): 978-3-7388-0882-7

Satz, Herstellung: Gabriele Wicker
Umschlaggestaltung: Martin Kjer
Druck: Offizin Scheufele Druck & Medien GmbH + Co. KG, Stuttgart

Fraunhofer-Informationszentrum Raum und Bau IRB
Nobelstraße 12, 70569 Stuttgart
Telefon +49 7 11 9 70-25 00
Telefax +49 7 11 9 70-25 08
irb@irb.fraunhofer.de
www.baufachinformation.de

Inhaltsverzeichnis

1 Wintergarten oder Sommergarten

Wer nicht nur den Sommer, sondern auch die übrigen Jahreszeiten auf der heimischen Terrasse genießen möchte, kann seinen Außenbereich mit vier verschiedenen Konstruktionen wetterfest gestalten. Für einen Indoor-Living-Bereich eignet sich besonders ein Wintergarten. Um den Sommer angenehm im Freien verbringen zu können und einen schönen Outdoor-Living-Bereich zu schaffen bietet sich ein Sommergarten mit einem Glasdach, einem Lamellendach oder mit einer Pergolamarkise an. Für die Entscheidung, welcher Anbau empfehlenswert ist, brauchen Bauherren eine fundierte Beratung zu allgemeinen und zu bautechnischen Fragen.

Dieses Buch gibt zunächst einige grundlegende Hinweise zur Gestaltung und zur Planung eines Winter- und Sommergartens. Behandelt werden die Lage, Lösungen für den Zugang vom Haus und vom Garten und die bauphysikalischen Aspekte, die in der Planung berücksichtigt werden müssen. Auch auf die Notwendigkeit einer Baugenehmigung wird hingewiesen. Der Schwerpunkt des Buchs liegt der bautechnischen Ausführung und auf der Vermeidung von Fehlern. Planer und Ausführende benötigen viel technisches Verständnis, damit der Wintergarten oder die Terrassenüberdachung dauerhaft gebrauchstauglich ist und es auch nach der Bauabnahme nicht zu Problemen oder gar zu Schäden kommt. Die folgenden Kapitel beschreiben das praxisrelevante Wissen und die wichtigsten Sollvorgaben für den Wintergarten und für den Sommergarten. Verschiedene konstruktive Details für den Wintergarten gelten auch für Teile der Konstruktion des Sommergartens. Sie werden in den nachfolgenden Kapiteln für den Wintergarten beschrieben, können aber auf den Sommergarten übertragen werden. Ein besonders umfangreiches Kapitel ist Abweichungen zwischen Ist- und Sollzustand gewidmet. Solche Abweichungen haben unterschiedlichste Ursachen und können selbst wenn sie nicht immer Auswirkung auf den Nutzen des Winter- oder Sommergartens haben, zu Ärger zwischen Planenden, Ausführenden und Bauherren führen. Der Sollzustand ist durch vertragliche Vereinbarungen und vor allem durch allgemeine technische Regeln sehr genau vorgegeben. Nicht immer sind diese Regeln exakt einzuhalten, manchmal sind Abweichungen unvermeidlich. Auch darauf geht der Autor ein.

Die wichtigsten Regelwerke, auf die im Folgenden immer wieder verwiesen wird, sind im Literaturanhang dieses Buches zusammengestellt. Die verwendeten Bilder stammen aus dem Archiv des Autors.

1-1 Merkmale von Winter- und Sommergärten

Wintergärten und Sommergärten unterscheiden sich grundlegend in ihrer Bauart und Nutzung. Im Folgenden werden die wichtigsten Unterschiede kurz dargestellt.

Der Wintergarten ist ein geschlossener Glasanbau mit Anbindung an das Gebäude, einem Glasdach und verglasten Seitenwänden. Ein Wintergarten dient heutzutage häufig Wohnzwecken und bildet somit eine Wohnraumerweiterung. Er hat eine direkte Anbindung zum Wohnraum des Kernhauses und ist nicht durch eine Tür abgetrennt. Der beheizte Wintergarten kann ganzjährig genutzt werden.

Der Sommergarten besteht aus einer Terrasse und einer Überdachung, z. B. durch ein Glasdach. Die Glasüberdachung schützt den Freisitzbereich. Sie ist zu den vertikalen Seiten offen und erlaubt direkten Zutritt zum Garten. So kann der Outdoor-Bereich im Frühjahr, Sommer und Herbst genutzt werden. Der Sommergarten weist im Bereich des Glasdachs und der Tragkonstruktion ähnliche konstruktive Merkmale wie der Wintergarten auf: beide bestehen aus einer Pfosten- und Sparrenkonstruktion. Die Überdachung kann auch aus einer Pergola, einem Lamellendach oder einer Pergolamarkise bestehen. Das Lamellendach und die Pergolamarkise haben großvolumige Stützen und überdecken die Terrasse in der Anbindung zur Gebäudewand. Die horizontale Dachfläche hat schwenkbare Aluminiumlamellen oder verschiebbare Markisenstellungen, die je nach Sonnenstand individuell die Sonnenstrahlen oder die Schattenbildungen zum darunterliegenden Freisitz freigeben.

Eine Terrasse, die direkt vom Wohngebäude aus zu erreichen ist, eignet sich besonders gut für den Anbau eines Winter- oder Sommergartens. Durch die Anbringung eines Glasdachs, einer Lamellenüberdachung oder einer Pergolamarkise kann sie komplett neugestaltet werden. Der Weg zum Garten führt dann vom Wohnraum durch den Wintergarten oder Sommergarten ins Freie.

Die wesentlichen Merkmale von Winter- oder Sommergarten mit wandbefestigter Ausführung zeigt Tabelle 1.

Tabelle 1 Merkmale von Winter- und Sommergartenkonstruktionen

Wintergarten	**Sommergarten mit Glasdach**	**Sommergarten mit Lamellendach oder Pergolamarkise**
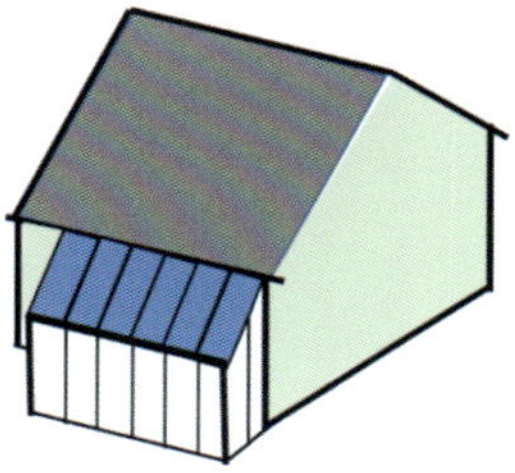	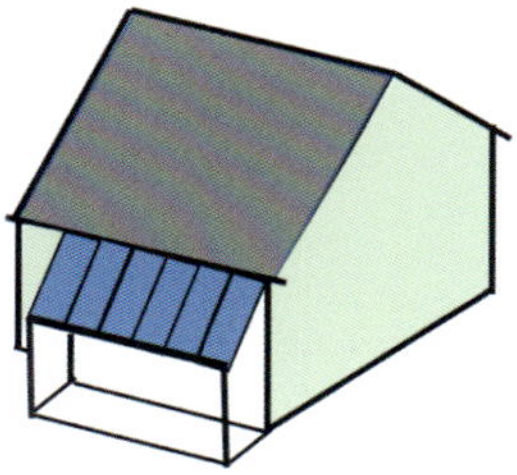	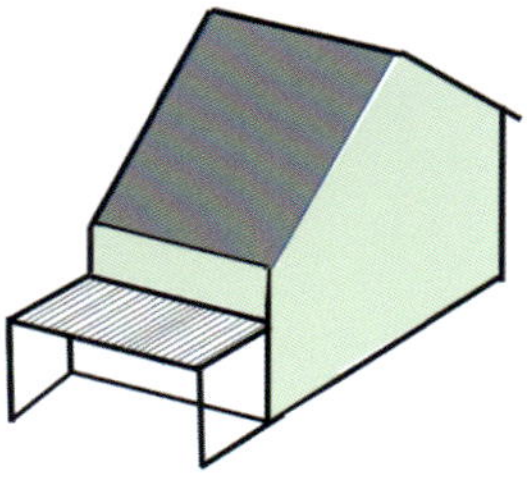
Die Terrasse wird zu einer geschlossenen verglasten Wohnraumerweiterung mit einem geneigten Glasdach.	Die Terrasse wird von einem geneigten Glasdach überdacht und ist mit Gebäudeanbindung zu drei Seiten hin offen.	Die Terrasse wird mit einem horizontalen Lamellendach oder Pergolamarkise überdacht und ist mit der Gebäudeanbindung zu drei Seiten hin offen.
Wohnraumbeheizung erforderlich	Keine Beheizung	Keine Beheizung
Anforderungen an den Wärmeschutz nach GEG [1] beachten	Keine Anforderungen an den Wärmeschutz	Keine Anforderungen an den Wärmeschutz
Verglasung mit Dreifach-Mehrscheiben-Isolierglas	Verglasung mit Einfachglas	Dacheindeckung mit beweglichen Lamellen oder mit Pergolamarkise
Sonnenschutz mit Aufdachmarkise oder Unterdachmarkise erforderlich	Sonnenschutz mit Aufdachmarkise oder Unterdachmarkise erforderlich	Sonnenschutz entsteht durch schwenkbare Lamellen oder individuelle Tucheinstellung der Pergolamarkise
Baukonstruktion mit hohen bautechnischen Anforderungen nach statischen Vorgaben	Baukonstruktion nach statischen Vorgaben	Baukonstruktion nach statischen Vorgaben
Rahmenkonstruktionen aus hoch wärmedämmenden Metallprofilen oder Holzkonstruktionen	Rahmenkonstruktionen aus ungedämmten Metallprofilen oder aus Holzprofilen	Rahmenkonstruktionen aus ungedämmten Metallprofilen

Wintergarten	Sommergarten mit Glasdach	Sommergarten mit Lamellendach oder Pergolamarkise
Bodenaufbau mit wärmegedämmter Bodenplatte	Keine wärmetechnischen Anforderungen an den Bodenaufbau	Keine wärmetechnischen Anforderungen an den Bodenaufbau
Baugenehmigung klären evtl. erforderlich	Baugenehmigung klären evtl. erforderlich	Baugenehmigung klären evtl. erforderlich

1-2 Die Terrassenüberdachung im Wandel der Zeit

Bereits im vergangenen Jahrhundert waren die Vorteile eines Pflanzenhauses oder Gewächshauses für den Schutz von Pflanzen bekannt. Licht und Wärme der durch die Glasflächen eindringenden Sonnenstrahlen fördern Pflanzenwuchs zu jeder Jahreszeit und ermöglichen es auch in nördlicheren Breiten, frostempfindliche Pflanzen im Winter zu erhalten.

Heute können Gewächshäuser technisch mit modernen Bauteilen und dämmender Verglasung besonders leitungsfähig konstruiert werden. Ein typisches Kleingewächshaus setzt allerdings einen geeigneten Platz im Garten voraus und erfordert die Kenntnisse eines erfahrenen Gärtners, damit die Anpflanzungen gedeihen (Bild 1).

Die Voraussetzungen für ein freistehendes Kleingewächshaus sind nicht in jedem Garten erfüllt. Um die Vorteile eines geschützten Umfelds für Pflanzen zu nutzen, kann die gläserne Schutzhülle an eine Gebäudewand angepasst und mit technischen und konstruktiven Änderungen versehen werden. Dadurch entsteht ein Glasvorbau, der auch als Wintergarten bezeichnet wird. Orangerien oder englische Palmenhäuser aus dem vorherigen Jahrhundert waren die Vorläufer des Wintergartens. Die heutigen Vorstellungen von einem Wintergarten unterscheiden sich deutlich von den historischen Vorgängern.

Der Begriff »Wintergarten« wird oft mit einem Glasanbau mit seitlichen Glasflächen und einem großen Glasdach in Verbindung gebracht. Der Wintergarten erfüllt für den Menschen und die Pflanzenwelt verschiedene Aufgaben. Er wird traditionell zur Überwinterung von Kübelpflanzen, Zierpflanzen und anderen Gewächsen genutzt.

Bild 1 Typisches Kleingewächshaus

Damit wird der Wintergarten für Hobbygärtner zu einem lichtdurchfluteten wohnlichen Erlebnisraum. Der ursprüngliche Grundgedanke für das Aufbewahren von Pflanzen ist geblieben, jedoch erfährt der Wintergarten heute eine zusätzliche Nutzung als erweiterter Wohnraum, es entsteht ein Wohnwintergarten. Hinsichtlich dieser Nutzungsvorstellung ist der Wintergarten eine Kombination aus einem räumlich begrenzten Gewächshaus und einem neuen Wohnraumtyp.

Bild 2 Typischer Wintergarten als Glasvorbau zur vorhandenen Gebäudewand

Der Wintergarten wird heute als Wohnraumbereicherung betrachtet. Oft bildet der Glasanbau einen neuen häuslichen Lebensmittelpunkt. Diese Nutzung und der damit verbundene erhöhte Wohnkomfort erfordern eine besondere konstruktive Gestaltung und stellt auch an Einrichtung und Mobiliar besondere Anforderungen. Der erhöhte Lichteinfall im Glasvorbau muss bei der Ausstattung berücksichtigt werden.

Bild 3 Blick in einen Wohnwintergarten

Der Wintergarten ist in bautechnischen Regelwerken und im Gebäudeenergiegesetz GEG [1] nicht definiert. Allgemein kann er wie folgt beschrieben werden:

> Der Wintergarten ist eine bauliche Anlage als geschlossener Glasvorbau mit großem Glasdach, der an eine Gebäudewand angebaut ist. Konstruktiv betrachtet ist er ein räumliches Element mit Überkopfverglasungen und besteht aus transparenten Ausfachungen und tragenden Pfosten. Der Wintergarten muss standsicher und regendicht sein.

Durch den Anbau eines Glasvorbaus kann vorhandene Wohnfläche vergrößert werden. Bei Bestandsbauten ist der Zutritt zum Garten über eine vorhandene Terrasse eine ideale Voraussetzung dafür. Der nachträgliche Anbau eines Wintergartens gibt dem Bestandsbau ein neues architektonisches Erscheinungsbild. Wintergartenfachberater können eine Vielzahl innovativer Konzepte für architektonisch ansprechende Wintergärten vorstellen.

Beim Neubau eines Einfamilien- oder Reihenhauses erfolgt der Anbau eines Wintergartens auf Wunsch des Bauherrn oft erst zu einem späteren Zeitpunkt. Meist geschieht dies aus finanziellen Gründen. Es ist jedoch ratsam, die Planung des späteren Glasvorbaus schon in die Neubauplanung des Wohnhauses einzubeziehen.

Der Sommergarten kann als Vorläufer zum Wintergarten mit einer einfacheren Konstruktion betrachtet werden. Anders als der allseitig geschlossene Wintergarten ist er an den Seiten und im Frontbereich offen. Die hohen Anforderungen an den Wärmeschutz, die an den Wintergarten gestellt werden, entfallen.

2 Planungswünsche des Bauherrn

Vor Errichtung eines Winter- oder Sommergartens müssen Bauherr oder Bauherrin entscheiden, wie der neue Anbau an das Wohngebäude genutzt werden soll. Sie müssen sich zwischen einem Wintergarten mit ganzjähriger Nutzung zum Indoor-Living oder einem Sommergarten mit Glasdach, Lamellendach oder Pergolamarkise mit zeitlich begrenzter Nutzung als Outdoor-Living-Bereich entscheiden. Für diese Entscheidung sind technische und finanzielle Überlegungen erforderlich. Sinnvoll ist, für die Planung eine Beratung einzuholen. Um die Lage des neuen Anbaus festzulegen, muss gegebenenfalls vorab das Bestandsgebäude aufgenommen werden. Normalerweise erwarten Bauherren eine Komplettlösung zur Umsetzung ihrer Wünsche.

A: Wintergarten

Wenn der Hauptwunsch der Bauherren eine Wohnraumerweiterung mit der Möglichkeit einer ganzjährigen Begrünung ist, dann ist der Wintergarten die richtige Lösung. Bei der Umsetzung dieser Vorstellungen treten in Verbindung mit dem vorhandenen Bestandsgebäude einige allgemeine Fragen auf:

- Welche gestalterischen Gesichtspunkte sind zu beachten, um mit dem bestehenden Gebäude und dem neuen Wintergarten ein ansprechendes Gesamtbild zu erhalten?
- Wo soll der Wintergarten angebaut werden. Was ist seine optimale Lage in Hinblick auf die Anpassung zum Bestandsgebäude und dem Übergang zum Garten?
- Wie ist die Zugänglichkeit vom vorhandenen Kernhaus zum wohnraumerweiterten Wintergarten? Soll zwischen dem Bestandsgebäude und dem Wintergarten ein offener Durchgang sein? Oder wäre es sinnvoller, die beiden Gebäudeteile durch eine Tür voneinander zu trennen? Soll die vorhandene Türöffnung des Bestandsgebäudes durch Mauerausbruch vergrößert werden? Muss dabei ein neuer tragender Sturz eingebaut werden?

Die ideale Voraussetzung für einen Wintergarten als Glasanbau zur Wohnraumerweiterung bietet z. B. die Südseite des Wohngebäudes in Bild 4.

Bild 4 An diesem Gebäude ist der Anbau eines Wintergartens geplant.

Bild 5 Die Fotomontage zeigt das mögliche Aussehen des Wintergartens.

Mit einer Fotomontage kann das neu entstehende architektonische Fassadenbild mit einem Wintergarten visualisiert werden. Dieses Verfahren erleichtert den Bauherren die Entscheidung. Um ihnen weitere bauliche und gestalterische Möglichkeiten aufzuzeigen, können Beispiele von bereits realisierten Wintergärten gezeigt werden. So erhalten sie eine Vorstellung davon, wie der zukünftige Wintergarten als Erweiterung des Wohnraums aussehen könnte.

Bild 6 Wohnraumerweiterung durch den Wintergarten

Um der Erwartung des Bauherrn gerecht zu werden und Frustration zu vermeiden, ist der konstruktiven Planung des Wintergartens ein besonderer Stellenwert zuzumessen. Besteht Klarheit, wer für die Planung zuständig ist, sind die grundsätzlichen Fragen zu dem neu zu erstellenden Wintergarten mit dem Bauherrn bzw. der Bauherrin zu klären. Welche Vorstellungen haben sie oder die zukünftigen Nutzer? Überzogene Wunschvorstellungen müssen gegen das technisch Machbare abgewogen werden. Ein Hauptanliegen ist meistens die Wohnraumerweiterung mit der Möglichkeit Pflanzen zu integrieren und durch die Neugestaltung die Wohn- und Lebensqualität zu verbessern. Mit diesen Überlegungen sind in der Vorplanung auch technische Details und Fragen zur Montagetechnik zu klären:

- In welchem Temperaturniveau soll der neue Wintergarten temperiert werden?
- Kann die Beheizung des Wintergartens durch den Anschluss an die vorhandene Gebäudeheizung ermöglicht werden?
- Ist eine autarke Beheizung des Wintergartens gewünscht und ohne Anschluss an das vorhandene Heizsystem des Gebäudes möglich?
- Sind Wasser- und Elektroanschlüsse an die vorhandene Installation des Gebäudes möglich?
- Muss Platz für die Unterbringung von Zier- und Kübelpflanzen eingeplant werden?

Dies ist ein Ausschnitt grundsätzlicher Fragen, die Planende vorab mit dem Bauherrn oder der Bauherrin klären müssen. Darüber hinaus sind eine Vielzahl technischer Merkmale, Funktionen und Anforderungen festzulegen. Da einige Probleme bei der Ausführung des Wintergartens häufig unterschätzt werden, ist eine Betrachtung der wesentlichen technischen Merkmale in Rahmen der Beratung erforderlich.

B: Sommergarten

Möchte der Bauherr bzw. die Bauherrin eine vorhandene Terrasse mit einem Regen- oder Sonnenschutz überdachen und so einen Outdoor-Living-Bereich schaffen, ist der Sommergarten die richtige Entscheidung. Zur Auswahl stehen Ausführungen mit einem festen Glasdach, einem Pergola-Lamellendach oder mit einer Pergolamarkise. Diese Ausführungen werden an der Wand des Bestandsgebäudes montiert und überdecken die vorhandene Terrasse.

Viele technische Detailfragen des Wintergartens sind auch für Sommergärten relevant:

- Welche gestalterischen Gesichtspunkte sind zu beachten, um in Verbindung mit dem Sommergarten ein ansprechendes Gesamtbild des Gebäudes zu erhalten?
- Welches ist im Hinblick auf das Bestandsgebäude und den Übergang zum Garten die optimale Lage des Sommergartens?
- Wie ist die Zugänglichkeit vom vorhandenen Kernhaus zum Sommergarten?

Wie beim Wintergarten müssen beim Sommergarten neben den technischen Gesichtspunkten auch finanzielle Fragen mit dem Planer und Ausführenden geklärt werden.

C: Die Beratung

Die Beratung der Bauherren übernehmen in den meisten Fällen Wintergarten- oder Sommergartenanbieter. In diesem Fall ist eine gesonderte Vereinbarung mit der autorisierten Fachfirma im Hinblick auf die Beratung, die Verantwortlichkeit, die Ausführung mit Endkontrolle und die zu bezahlenden Leistungen zu empfehlen. Eine Beratung sollte nur durch ausgewiesene Wintergarten- oder Sommergarten-Spezialisten erfolgen, die sowohl hinsichtlich der gestalterischen, der technischen sowie der finanziellen Maßnahmen Auskunft geben können. Erfahrene qualifizierte Wintergarten- oder Sommergartenplaner und Hersteller sind zum Beispiel im Bundesverband Wintergarten e.V. [43] oder Wintergarten-Fachverband e.V. [44] organisiert.

3 Gestaltungsbeispiele für Wintergärten

Wie soll der Wintergarten aussehen? Können die Wunschvorstellungen des Bauherrn oder der Bauherrin umgesetzt werden? Bei der Planung eines Glasanbaus sind die örtliche Bausituation mit der angrenzenden Bebauung, die Lage und die architektonische Gestaltung des Bestandsgebäudes und die Eigenschaften des Baugrunds zu berücksichtigen. Neben technischen Merkmalen sind die individuellen Wunschvorstellungen der Bauherren in die Gestaltung des Wintergartens mit einzubeziehen. Und nicht zuletzt können auch finanzielle Vorgaben die Planung beeinflussen.

Der Anbau des Wintergartens an eine vorhandene Gebäudewand kann in vielfältiger Ausführung erfolgen. Bild 7 zeigt typische Anbauvarianten für Wintergärten als Wohnraumerweiterung. Die Pfeile in den einzelnen Abbildungen geben mögliche Zugangswege vom Wohnraum des Bestandsgebäudes an.

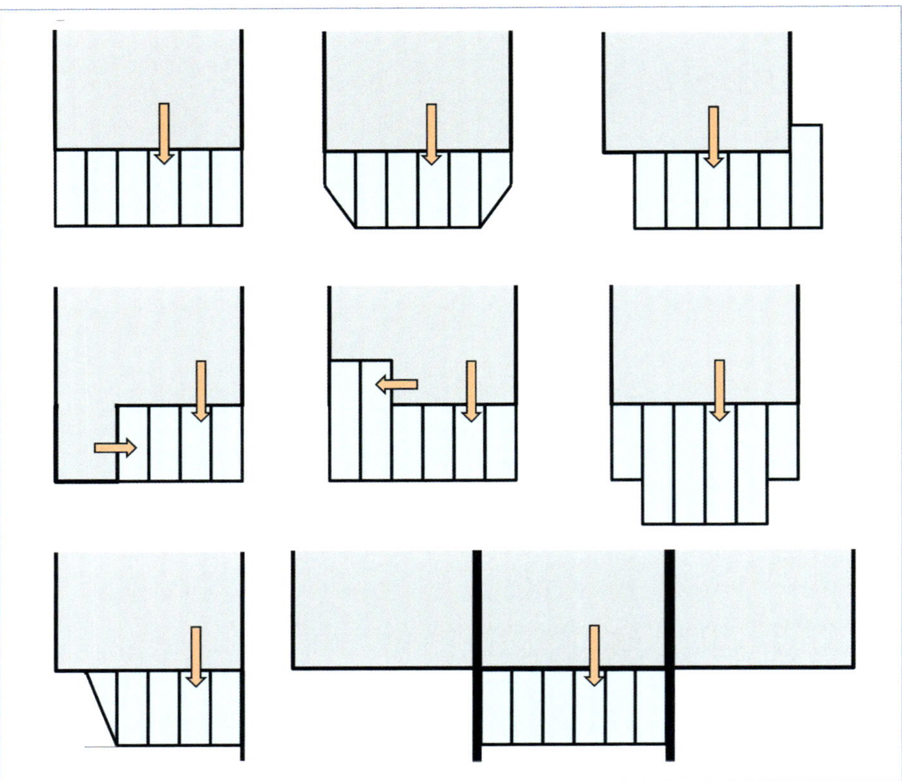

Bild 7 Beispiele für Wintergartenformen als Anbau an Bestandsgebäude.

Die folgenden Ausführungsbeispiele zeigen Wintergärten in unterschiedlichen Formen und Größen, die im Rahmen eines Beratungsgesprächs vorgeschlagen werden können, um den Bauherren eine Vorstellung von den prinzipiellen Möglichkeiten zu vermitteln.

Beispiel 1: An der vorhandenen weißen Gebäudewand eines Einfamilienhauses wurde ein Wintergarten als Wohnraumvergrößerung angebaut. Die Grundkonstruktion bilden Systemkomponenten aus weißen Aluminiumprofilen, die eine farbliche Anpassung an den Gebäudebestand bewirken. Zwischen Wintergarten und Gebäudewand befindet sich eine großflächige Öffnung, wodurch der Raum des Wintergartens mit dem Wohnraum verschmilzt. Der Austritt vom Wintergarten zum Garten erfolgt über eine große Hebeschiebetür. Die Isolierglasscheiben sind durch Sprossenprofile im Zwischenraum optisch gegliedert.

Bild 8 Wintergarten als Wohnraumerweiterung mit Hebeschiebetür

Beispiel 2: Dieser Wintergarten an der Außenwand eines Wohngebäudes wurde mit Systemkomponenten aus Aluminiumprofilen errichtet. Die farbliche Gestaltung der Profile in anthrazit, entspricht der Farbe der Fensterelemente des Bestandsgebäudes. Eine großflächige Öffnung in der Wand des Bestandsgebäudes verbindet den Wohnraum mit dem Wintergarten. Die Fenstertür in der Front ermöglicht den Ausgang zum Garten. In den Seitenteilen befinden sich im unteren Brüstungsbereich Aluminium-Paneelfelder.

Bild 9 Wintergarten mit Fenstertür

Beispiel 3: Unter dem großen Holzbalkon dieses Wohnhauses wurde zur Wohnraumerweiterung nachträglich ein Wintergarten mit Systemkomponenten aus Aluminium-Profilen angebaut. Die farbliche Gestaltung ist an die vorhandene Gebäudesituation angepasst. Auch hier verbindet eine großflächige Öffnung in der Gebäudewand den Wintergarten mit dem Wohnraum. Über eine zweiflügelige Hebeschiebetür ist der Zutritt zum Garten möglich.

Bild 10 Wintergarten mit zweiflügeliger Schiebetür

Beispiel 4: Bei diesem bayerischen Wohngebäude mit Holzverkleidungen wurde ein Wintergarten mit Systemkomponenten aus anthrazitfarbigen Aluminiumprofilen angebaut, der sowohl in seiner farblichen Gestaltung als auch in seiner Konstruktionsart stark vom Bestandsgebäude abweicht. Die Verbindung des Wohnraums mit der Über die Wandöffnung im Wohnraum entsteht die Verbindung zur Wohnraumerweiterung des Wintergartens. Der Zutritt zum Garten erfolgt über eine Fenstertür an der Seitenwand.

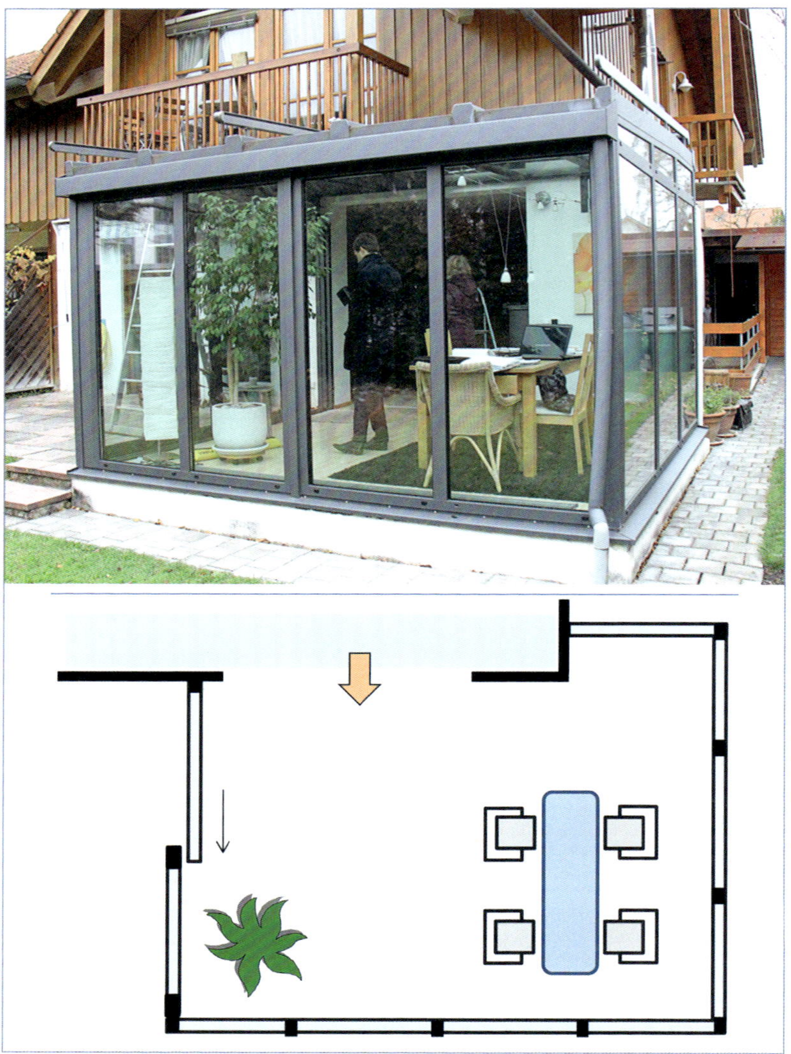

Bild 11 Wintergarten als Wohraumerweiterung an der Gebäudeecke

Beispiel 5: An dieses Wohngebäude wurde ein Wintergarten angebaut, dessen Grundkonstruktion sich aus verschiedenen Metallprofilen zusammensetzt. Systemkomponenten wurden hier mit normmäßigen Stahlprofilen kombiniert. Die Profile sind in auffallender Farbe beschichtet. Der Grundriss ist der Gebäudesituation angepasst. Der Durchgang zwischen dem vorhandenen Wohnraum und dem Wintergarten ist vollständig offen. Der Zutritt zum Garten erfolgt über eine Fenstertür an der Seitenwand.

Bild 12 Wintergarten mit individuell angepasstem Grundriss

Beispiel 6: Dieser nachträglich an ein bestehendes Einfamilienhaus angebaute Wintergarten besteht aus einer zimmermannsmäßig hergestellten Holztragkonstruktion. Die Seitenwände sind mit Fenster- und Festverglasungen mit Kunststoffprofilen ausgefacht. Der Bodenaufbau wurde an die Bausituation im Übergang vom Bestandsgebäude zum Garten angepasst. Der Zutritt zur Wohnraumerweiterung entsteht über eine Wandöffnung im Wohnraum. Eine Stulpflügel-Fenstertür führt zum Garten.

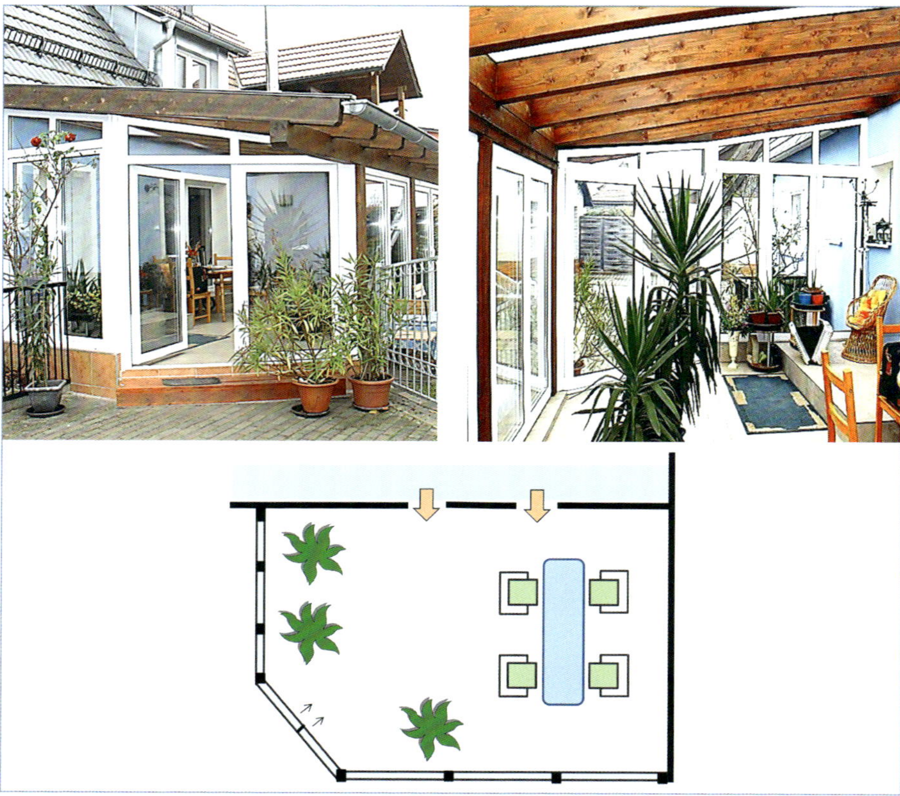

Bild 13 Wintergarten mit seitlichem Zugang zum Garten

Beispiel 7: An dieses Bestandsgebäude wurde ein Wintergarten mit weißen Aluminiumprofilen angebaut. Die Abmessungen sind der örtlichen Situation angepasst. Die Grundkonstruktion besteht aus Systemprofilen eines Wintergartenanbieters. Der Zugang vom Wohnraum in den Wintergarten erfolgt über eine abschließbare Tür. Der Wintergarten ist in diesem Beispiel nicht für die Wohnraumerweiterung vorgesehen. Hier will der Bauherr den Wintergarten als separaten Raum für individuelle Freizeitgestaltung nutzen.

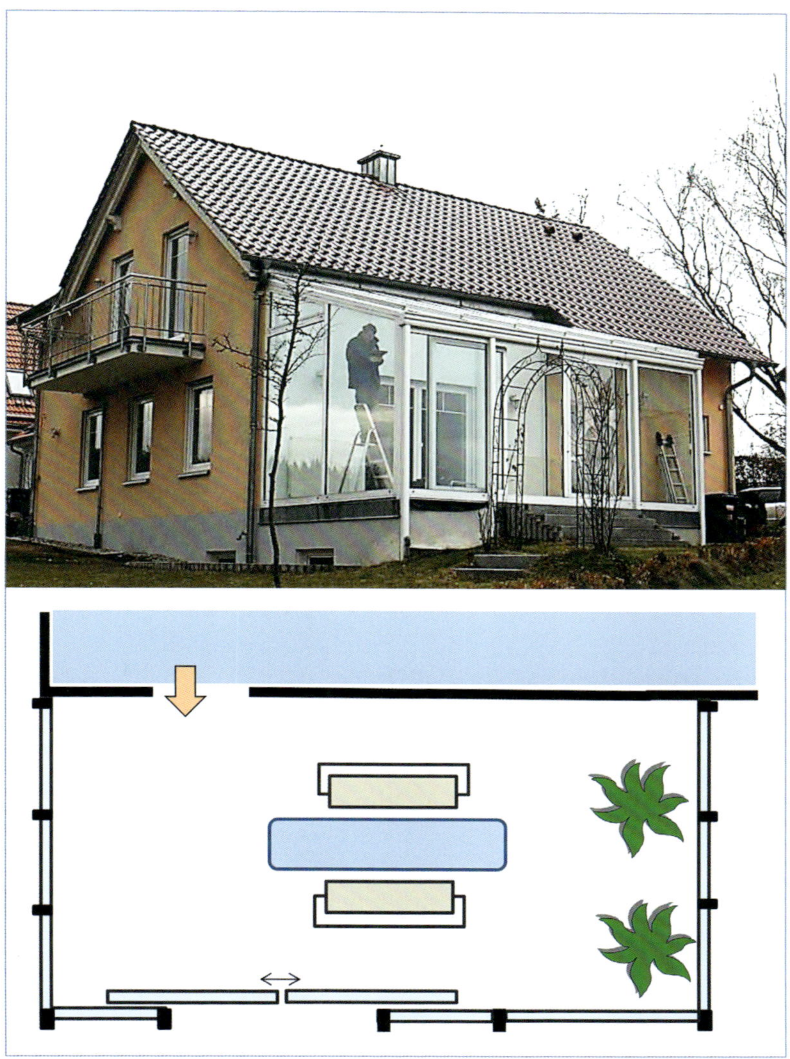

Bild 14 Wintergarten als zusätzlicher Wohnraum

Beispiel 8: Bei diesem historischen Gebäude wurde an der Giebelseite ein Glasvorbau hinzugefügt. Die so geschaffene Raumerweiterung wird als Besprechungsraum genutzt. Die Grundkonstruktion bilden Systemkomponenten aus Aluminiumprofilen und großflächige Verglasungen.

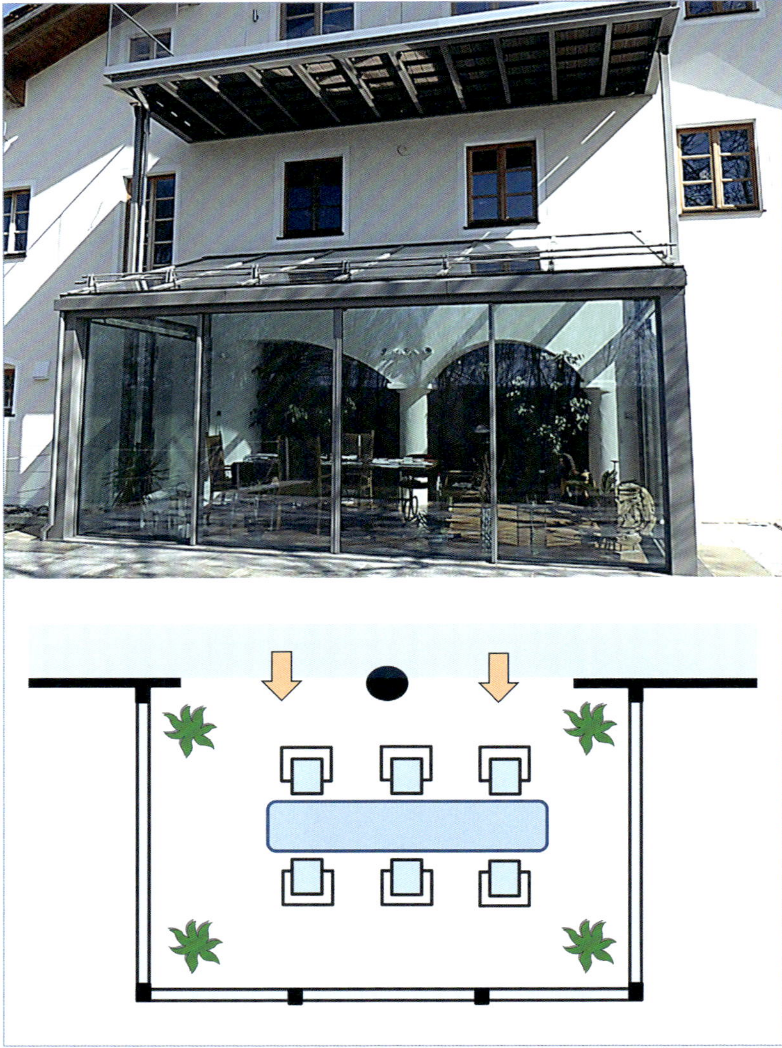

Bild 15 Wintergarten mit großflächiger Verglasung

Beispiel 9: Die örtliche Gebäudesituation kann zu sehr individuellen Gestaltungslösungen führen. Hier wurde ein Wintergarten auf dem Vordach im ersten Obergeschoss angebaut. Unter Verwendung von Systemkomponenten aus verschiedenen Materialien, Kunststoffelementen, handwerklich hergestellten Verbindungen und Verblechungen entstand diese großflächige und winkelförmige Konstruktion. Die Formgebung und die Ausführung wurden maßgebend vom Bauherrn vorgegeben.

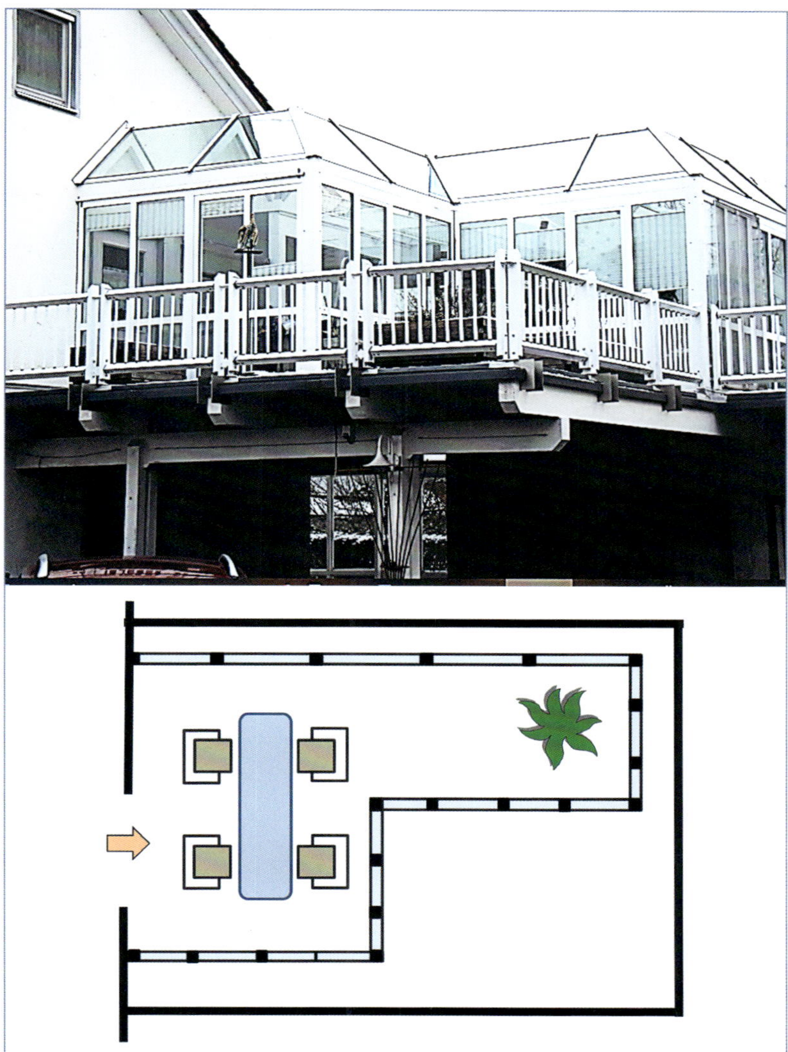

Bild 16 Wintergarten mit verwinkeltem Grundriss

Beispiel 10: In Anbindung an ein Bestandsgebäude entstand ein Durchgang zu einem großformatigen Wintergarten, der einem Pavillon ähnelt. Die Dachflächen haben angepasste Aufsatzmarkisen. Die auffallenden Dach- und Seitenflächen zeigen eine besondere architektonische Gestaltung.

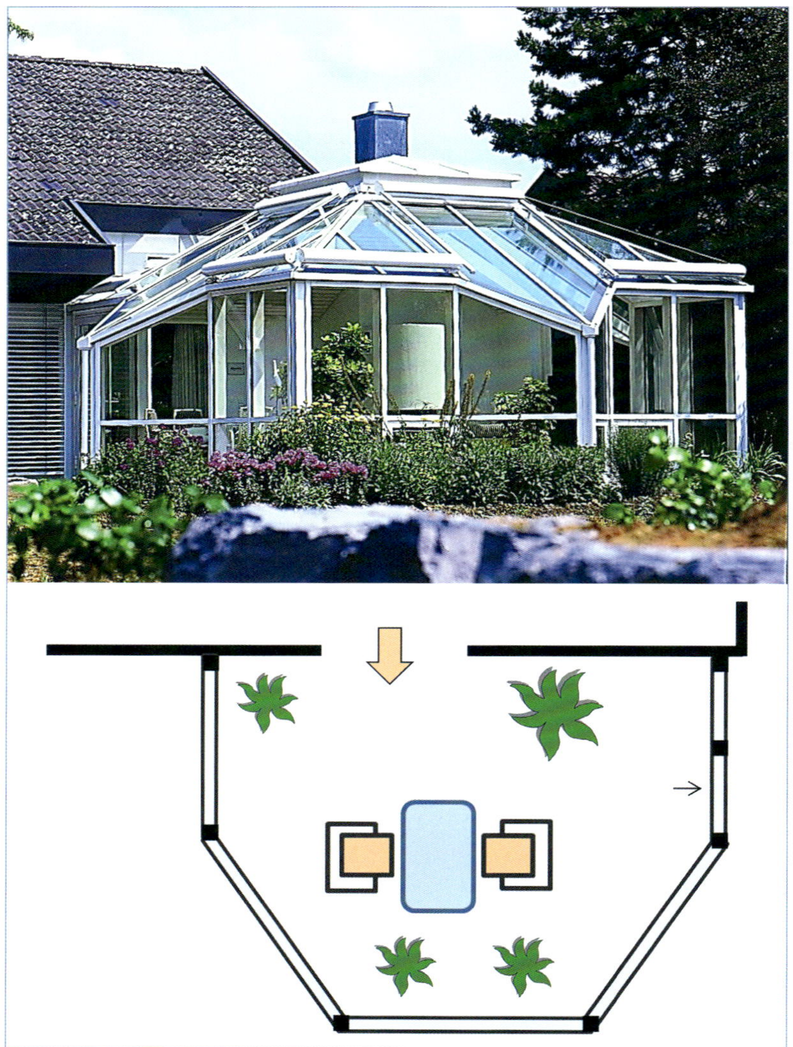

Bild 17 Wintergarten mit polygonalem Grundriss

Beispiel 11: Im Rahmen der Sanierung eines Bestandsgebäudes wurde dieser großflächige Wintergarten angebaut, dessen Glasdach über die erste Etage führt. Die großvolumige Raumüberdachung benötigte Tragprofile aus Stahl, die nach statischer Dimensionierung von Metallhandwerkern zusammengefügt wurden. Wegen der großen Glasflächen sind besondere Belüftungen erforderlich, die eine Überhitzung verhindern sollen. Der Zutritt zum Gartenbereich erfolgt über raumhohe Glastüren.

Bild 18 Wintergarten als Stahlkonstruktion

Beispiel 12: Dieses Beispiel fällt ebenfalls in die Kategorie Wintergarten, obwohl es sich von den zuvor genannten Beispielen unterscheidet. An einem vorhandenen Wohngebäude wurde über zwei Etagen ein Glasanbau errichtet, den der Bauherr, der gleichzeitig auch der Planer war, als Wintergarten bezeichnet. Die Außenwände des Wintergartens bestehen aus Kunststoffelementen. Der Zugang erfolgt jeweils über eine große Wandöffnung vom Wohnraum im Erdgeschoss und im ersten Stockwerk.

Bild 19 Zweigeschossiger Glasanbau als Wintergarten

Fazit: Die Beispiele zeigen einen kleinen Ausschnitt aus den vielfältigen Möglichkeiten der architektonischen Gestaltung von Wintergärten als Glasvorbauten zur Wohnraumerweiterung. Trotz der individuellen Gestaltung in Größe und Aussehen wiederholen sich verschiedene Merkmale:

- Aufgrund der Einschränkungen durch örtlichen Baugenehmigungen ist die Fläche des Wohnwintergartens meistens kleiner 30 m^2. Bei größeren Flächen sind zusätzliche Auflagen der Baugenehmigungen zu beachten.
- Die Rahmenteile der Wintergartenkonstruktion sind vorzugsweise Systemkomponenten aus beschichteten Aluminiumprofilen, in die Verglasung oder Fenster- und Türelemente systemkonform eingebaut werden.
- Wintergärten aus einer Holzständer-Konstruktion bestehen aus handwerklich ausgeführten Einzelkomponenten. Mit den warmen Farbtönen der sichtbaren Holzoberflächen lässt sich ein wohnlicher Effekt erzielen.
- Die Anbausituation des Wintergartens muss sich an die Gegebenheit der örtlichen Gebäudewand anpassen. Eine entsprechende Aufbereitung der Bestandswand ist bei Bedarf erforderlich.
- Der Bodenaufbau im zu überbauenden Bereich muss so erfolgen, dass ein begehbarer und wärmetechnisch isolierter Fußboden, möglicherweise mit einer Fußbodenheizung, geschaffen werden kann.
- Der Zugang vom Wohnraumbestand zum Wohnwintergarten erfolgt meist ungehindert über große, offene Wandöffnungen. Der Zugang kann alternativ durch Türen abgeschlossen werden.
- Stellflächen für Mobiliar, Sitzgelegenheiten und Pflanzenstellplätze sind in der Planung zu berücksichtigen.
- Der Ausgang aus dem Wintergarten in den Garten kann über verschiedene Türsysteme erfolgen. Hier sind individuelle Wünsche des Bauherrn über die Türöffnungen, zum Beispiel Fenstertüren, Stulpflügel-Fenstertür, Hebeschiebetüren, Faltschiebewände usw., in der Planung mit zu berücksichtigen.

4 Der Sommergarten mit Glasdach

Als Sommergarten werden Überdachungen bezeichnet, die auf der Terrasse einen regengeschützten Freisitz schaffen. Sitzgelegenheiten und witterungsbeständige Pflanzen machen den überdachten Freisitz zu einer gemütlichen Ecke. Anders als der Wintergarten ist der Sommergarten mit einem klassischen Glasdach über der Terrasse ein unbeheizter, glasüberdachter, direkt an das Wohngebäude angeschlossener Freisitzbereich. Die Terrassenüberdachung mit einem Glasdach vermittelt im Sommer ein Outdoor-Living-Gefühl.

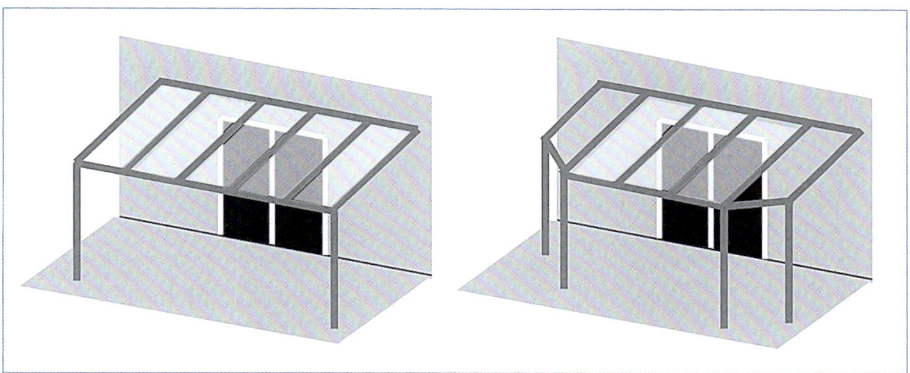

Bild 20 Typische Terrassenüberdachung mit einem Glasdach

Das Glasdach wird an die Außenwand des Wohngebäudes montiert und von Pfosten getragen. Unter dem Glasdach entsteht ein regengeschützter und klimaberuhigter Terrassenbereich, auf dem Gartenmöbel ganzjährig geschützt sind. Die Terrasse ist in der Regel seitlich und nach vorne offen und bildet somit keinen geschlossenen Raum. Eine Raumbeheizung entfällt, es sei denn, dass mit einem Heizpilz oder Infrarot-Strahler individuell bei Bedarf örtlich Wärme erzeugt wird.

Bild 21 Beispiel für Infrarot-Strahler

Die konstruktiven Anforderungen an eine Terrassenüberdachung entsprechen denen an den Glasdachbereich des Wintergartens. Da jedoch keine Anforderungen an den Wärmeschutz bestehen, sind Mehrscheiben-Isolierglas und thermisch verbesserte Tragprofile sowie eine gedämmte Bodenplatte nicht erforderlich. Die Pfosten zur Lastableitung der Traufe mit dem Glasdach müssen standsicher auf dem Untergrund befestigt sein. Je nach örtlicher Lage sind ein Streifenfundament oder Einzelfundamente für die Pfosten möglich. Das Glasdach ist eine Überkopfverglasung und wird aus Verbundsicherheitsglas VSG nach DIN EN ISO 12543-1 [17], aus Floatglas nach DIN EN 572-1 [34] oder aus teilvorgespanntem Glas (TVG) [35] hergestellt. VSG mit TVG hat im Vergleich zu Floatglas den Vorteil, dass es eine wesentlich größere Temperaturwechselbeständigkeit aufweist. Mit diesem Aufbau wird die thermisch bedingte Glasbruchgefahr reduziert. Die Nenndicke der Zwischenfolie von VSG muss mindestens 0,76 mm betragen, dies entspricht einer Doppelfolie mit standardmäßiger Dicken von 0,38 mm. Die zähelastische Zwischenfolie besteht aus Polyvinylbutyral PVB, ist glasklar und kann auch eingefärbt sein. Beim Sommergarten mit einem Glasdach werden vielfach auch weiß eingefärbte Zwischenschichten der PVB-Folien eingesetzt. Dies erzeugt für den Nutzer unter dem Glasdach eine lichtgedämpfte Atmosphäre.

Bild 22 Glasdach des Sommergartens mit weißer PVB-Folie

Das Glasdach beim Sommergarten hat den Vorteil, dass Regenwasser über die freie Glaskante direkt in die Dachrinne einfließen kann.

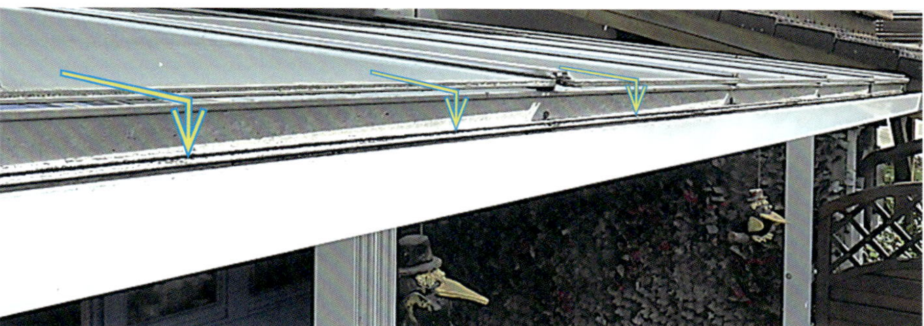

Bild 23 Über die freie Glaskante kann Regenwasser direkt in die Dachrinne fließen

Die Anforderungen an die Statik der Rahmenteile und der Verglasung von Terrassenüberdachungen entsprechen denen an Wintergärten. Je nach Bundesland muss auch für das wandmontierte Terrassendach gegebenenfalls eine Baugenehmigung durch eine bauvorlageberechtigte Person eingeholt werden. Für die Gebrauchstauglichkeit des Sommergartens mit der Überkopfverglasung gilt die DIN 18361 [22]. Dort heißt es in Abschnitt 3.1.4 allgemein: *»3.1.4 Raumabschließende Verglasungen müssen regendicht sein (...)«.* Dabei wird keine Unterscheidung in Vertikal- oder Horizontalverglasung vorgenommen. Die Abdichtung mittels Pressleistensystem ist eine bewährte Ausführung, die zu einer regendichten Verglasung führt.

Bild 24 Beispiel einer Terrassenüberdachung als regengeschützter Freisitz

Bild 25 Sommergarten mit einem Glasdach über der Terrasse

Für einen partiellen Windschutz kann die Vorderfront der Terrassenüberdachung mit verschiebbaren Einfachscheiben aus Einscheiben-Sicherheitsglas ESG nach DIN 12150 [21] geschlossen werden. Glasschiebewände benötigen im oberen und unteren Bereich Führungen für die Schiebefunktion. Systemkomponenten sind mit dem Glasanbieter zu klären. Glasschiebewände können im unbeheizten Glasvorbau keine dichte Glaswand herstellen, da Fugen undicht bleiben. Glasschiebewände bieten in dieser Anwendung nur einen begrenzten Regenschutz.

Der Markt für Terrassenüberdachungen bietet Systemkonstruktionen an, die von Fachfirmen montiert werden. Handwerklich gefertigte Tragkonstruktionen aus Metall oder Holz werden für Terrassenüberdachungen ebenfalls verwendet. Mit Standard Vierkant-Stahlprofilen lassen sich Trag- und Sparrenteile für die Grundkonstruktion herstellen. Die Flächen und Schnittkanten der Metallprofile sind gegen Korrosion zu schützen. Ein statischer Nachweis für die Auswahl der Profile, die Glasscheiben für die Dachverglasung und die Befestigung zum Baukörper ist erforderlich.

Terrassenüberdachungen finden auch bei Reihenhäusern vermehrt Anwendung. Die seitlichen Wände des Terrassenbereichs bieten sich für eine Glasüberdachung an und ermöglichen einen idealen Schutz der Sitzgelegenheit vor Regen. Auch in diesem Fall ist eine Aufdachmarkise ein wirksamer und erforderlicher Sonnenschutz.

Bild 26 Glasschiebewände als Wind- und Regenschutz der Seitenwände

Bild 27 Einfache Konstruktion der Terrassenüberdachung mit Sparren- und Tragprofilen aus Stahl-Vierkantprofilen

Bild 28 Typische Glasüberdachung der Terrasse beim Reihenhaus

Der Sommergarten mit der Glasüberdachung der Terrasse kann individuell an die örtliche Bausituation angepasst werden. Für die Ausführung der Konstruktion bedarf es eines erfahrenen Handwerksbetriebs, der auch für die Planung, das Einholen der statischen Nachweise und die Absprache mit dem Glaser für die Dachverglasung verantwortlich ist. Die Glasdachkonstruktion muss die Anforderungen einer Überkopfverglasung erfüllen.

Bild 29 Der örtlichen Bausituation angepasste Terrassenüberdachung

5 Der Sommergarten als Pergola-System

Die Pergola ist eine raumbildende Konstruktion mit standfesten Pfosten oder Säulen ohne festes Dach. Die Grundkonstruktion ist an der Gebäudewand befestigt und überdeckt die vorhandene Terrasse. Die Standsicherheit der Pergola-Pfosten muss mit der Befestigung auf einem tragfähigen Fundament oder einem festen Bodenaufbau gesichert sein. In die Pergola-Konstruktion können im Dachbereich verschiedenartige Sonnenschutzelementen eingebaut werden. Eine Pergola mit einer solchen Art der Bedachung mit Anbindung zum Gebäude ist eine bauliche Anlage und bedarf einer Baugenehmigung. Die baurechtliche Betrachtung kann je nach Bundesland unterschiedlich geregelt sein.

Nachfolgend werden nur die grundlegenden Ausführungen eines Lamellendachs und einer Pergolamarkise betrachtet. Beide Systeme werden an der Wand des Kerngebäudes befestigt und überdecken die Terrasse.

5-1 Das Pergola-Lamellendach

Mit einem Lamellendach in der Pergola entsteht ein Sommergarten für das Outdoor-Living. Im Unterschied zum Sommergarten mit einem konventionellen geneigten Glasdach hat das Lamellendach einen horizontalen Sonnenschutz. Sonnenlicht, das auf das Lamellendach einfällt, kann durch Steuerung der Lichtmenge individuell eingestellt werden.

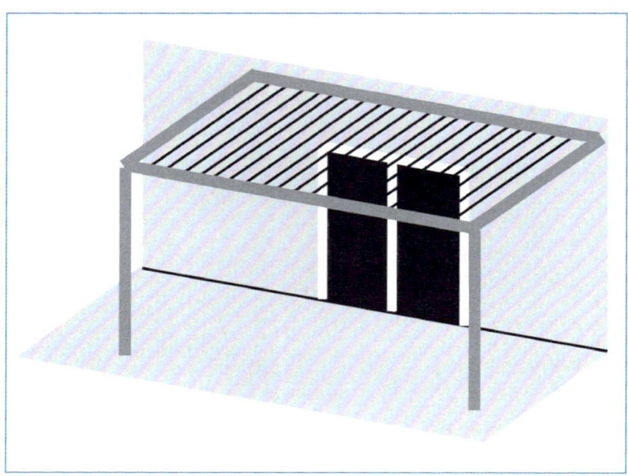

Bild 30 Grundprinzip des Pergola-Lamellendachs

Das Dach besteht aus einer Vielzahl von schwenkbaren Lamellen aus beschichteten Aluminium-Profilen. Die drehbaren Lamellen ermöglichen eine Belüftung und Beschattung nach individuellen Vorstellungen und sorgen auf der Terrasse für ein ausgeglichenes Klima. Sie können über eine Fernbedienung von der geschlossenen, horizontalen Stellung elektromotorisch in eine senkrechte geöffnete Stellung bewegt werden. Der Motor ist nicht sichtbar, sondern verdeckt in die Struktur eingebaut. Die Lamellen werden durch den Elektromotor angetrieben und schwenken im Verbund. Im maximalen Öffnungszustand der Lamellen gelangt Sonnenlicht in den Raum und erzeugt einen partiellen Schattenwurf. Sonnenschutz und Lüftung lassen sich mit drehbaren Aluminiumlamellen steuern. Werden die Lamellen in die horizontale Endphase gedreht, entsteht ein geschlossenes Lamellendach mit einer geringen Dachneigung von unter 2°. Die Standsicherheit des Pergola-Lamellendaches muss mit der Befestigung an der Gebäudewand und auf einem tragfähigen Fundament gesichert sein. Belastungen durch Wind, Schnee und Eigengewicht sind vom Systemanbieter nachzuweisen und dem Kunden vorzugeben. Insbesondere die Windlastannahmen nach DIN EN 1991 [9] sind für den jeweiligen Standort zu berücksichtigen. Die Leistungsfähigkeit des Lamellendaches hat in Abhängigkeit des Systems technische Grenzen, die in der Planung und Auswahl zu berücksichtigen sind.

Bild 31 Outdoor-Living mit geöffneten Lamellendach; Foto aus [45]

Bild 32 Geschlossenes Lamellendach

Die Systemanbieter von Lamellendächern geben entsprechende Angaben zur Regendichtheit. Ein Regenwächter sorgt für die Schließung der Lamellen. Bei Regen kann das Niederschlagswasser über die geschlossenen Lamellen in die seitlich verdeckt liegenden Regenrinnen einlaufen. Ein Überlauf zur Raumseite entsteht schnell, wenn der Ablauf durch Laub in der Regenrinne behindert wird. Spritzwasser zur Raumseite im Bereich der Regenrinne kann nicht ausgeschlossen werden. Die Wasserableitung aus der Regenrinne erfolgt über den Innenraum der Standsäulen nach unten in entsprechende Drainagen des Gartens.

In den kalten Übergangszeiten kann sich an der Unterseite der geschlossenen Lamellen Tauwasser bilden und heruntertropfen. Ein Schutz des Mobiliars unter dem Lamellendach ist zu empfehlen. Je nach System kann das Lamellendach einen begrenzten Schutz vor Schnee bieten. Einige Systeme geben vor, dass bei starkem

Schneefall die Lamellen geöffnet sein müssen, weil große Schneelasten von dem geschlossenen Lamellendach nicht mehr standsicher getragen werden können.

Um die Funktionsfähigkeit eines Lamellendachs zu gewährleisten, sind regelmäßige jährliche Wartungen durch Fachpersonal erforderlich. Dabei werden die elektrischen und mechanischen Teile gewartet und die Lamellen gereinigt.

5-2 Die Pergolamarkise

Mit hohem Innovationstempo bietet der Markt eine zunehmende Vielzahl von Pergolamarkisen als Alternative zum Pergola-Lamellendach an. Sie werden in der DIN EN 12216 [29], Abschnitt 7.6.6, als »Pergolamarkise mit Stoff« definiert. Im Dachbereich der Pergola ist die Markise mit einer Tuchaufrollung oder mit einer Tuchfaltung eingebaut. Die Pergolamarkise ist wandmontiert und steht auf zwei tragenden Säulen. Die Standfestigkeit muss über die Befestigung zum Boden und zur Wand gesichert sein.

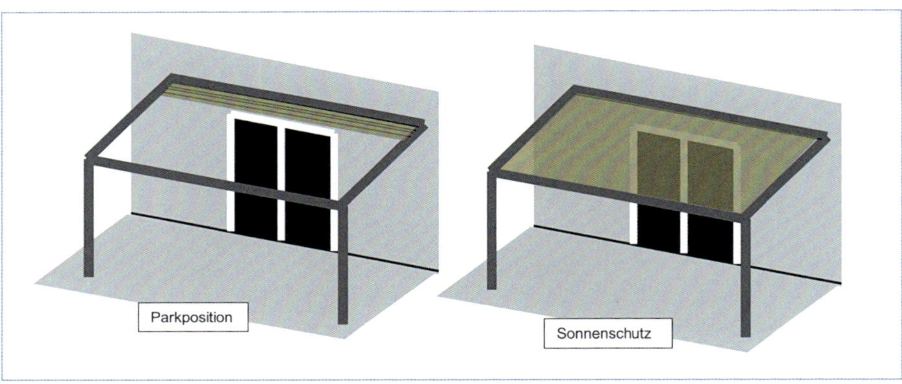

Bild 33 Grundprinzip eines Sommergartens mit Pergolamarkise

Die einfaltbare oder einrollbare Tuchbespannung kann mittels eines Elektromotors für eine individuelle Beschattung in einen entsprechenden Öffnungs- oder Schließ-Zustand gefahren werden. Kurbelbetriebene Pergolamarkisen sind durch motorbetriebene Antriebe abgelöst worden. In Parkposition bildet die Faltung oder die Tuchrolle ein Tuchpaket in Wandnähe. Die manuelle Bedienung erfolgt über einen Handsensor. Verschiedene Systeme sind mit einem Wind- und Regenwächter ausgestattet, sodass bei entsprechenden Wetterverhältnissen ein automatisches Einfahren in die Parkposition sichergestellt ist.

Es gibt verschiedene Konstruktionen von Pergolamarkisen auf dem Markt. Zum Markisentuch machen die Hersteller Angaben bezüglich der Lichtdurchlässigkeit, Wasserabweisung, Schmutzresistenz, Winddichtigkeit oder Regendichtigkeit. Zur Sicherstellung dieser Angaben sind die Leistungs- und Sicherheitsanforderungen für die jeweilige Pergolamarkise vom Systemanbieter durch Prüfung nach DIN EN 13561 [30] nachzuweisen.

Bild 34 Beispiel für eine Pergolamarkise

Für das wandmontierte Pergola-Lamellendach oder die Pergolamarkise kann je nach Bundesland eine unterschiedliche baurechtliche Regelung bezüglich der Genehmigungspflicht bestehen. Grundsätzlich ist eine Klärung mit der Baubehörde erforderlich. Der Bauantrag ist dann von einer bauvorlageberechtigten Person einzuholen. Dabei müssen auch die Abstandsflächen zu Nachbargebäuden den örtlichen Bauordnungsvorgaben entsprechen. Für die erforderlichen Genehmigungen ist der Besitzer oder die Besitzerin des Hauses verantwortlich. Vorsorglich sollte auch eine Zustimmung des Nachbarn vor der Montage des Pergola-Lamellendaches oder der Pergolamarkise eingeholt werden.

6 Die Planung

Haben sich die Vorstellungen der Bauherren für einen Winter- oder Sommergarten konkretisiert, kann mit der Planung und der anschließenden Vorbereitung der Ausführung begonnen werden. Die Entscheidung für ein Wintergarten- oder Sommergartensystem liegt in der Verantwortung des Bauherrn oder der Bauherrin und wird in der Regel durch eine Fachplanung unterstützt. Auch Hersteller können Beratungsleistungen erbringen. Erfahrende Architekten und Architektinnen für Wintergärten können hinsichtlich der gestalterischen, technischen und finanziellen Aspekte beraten.

Die technische Planung muss die objektspezifischen Belastungen berücksichtigen. Dabei sind material- und belastungstechnische Merkmale für die Funktionserfüllung zu bedenken. Außerdem sind die klimatischen Einwirkungen von Außenseite wie auch die Belastungen von der Raumseite zu beachten.

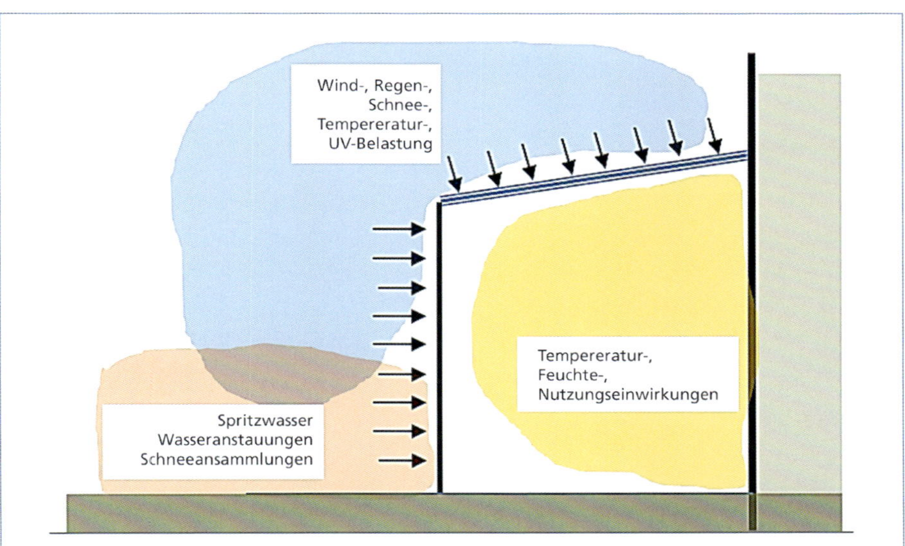

Bild 35 Außenseitige und raumseitige Belastungen sind zu berücksichtigen

Die Planung erfordert technisch fundiertes Wissen für die technische Umsetzung der Wunschvorstellung des Bauherrn. Nicht jeder sogenannte Wintergartenhersteller, der sich als Fachmann für Winter- und Sommergarten bezeichnet, kann die Anforderungen an die erforderliche technische Qualität bei der Erstellung erfüllen. Aufgrund dieser Situation haben sich Fachfirmen zu professionellen Wintergartenbau-Organisationen zusammengeschlossen (Beispiele siehe [43], [44]). Diese Hersteller bieten meistens zu einem Festpreis eine Komplettleistung an, bei der die verschiedenen Gewerke bis zur endgültigen Fertigstellung durch intern geschulte Facharbeiter oder durch beauftragte Subfirmen ausgeführt werden. Die Wichtigkeit einer vorausschauenden Planung für die fachgerechte Umsetzung der Arbeiten darf nicht unterschätzt werden. In der Planung ist eine technisch richtige Antwort für die objektspezifische bauliche Situation zu finden.

Eine Entscheidung über die Durchführung des Bauvorhabens mit individueller Fachplanung und entsprechenden Handwerkerfirmen oder als Komplettleistung durch eine Wintergartenfachfirma obliegt dem Bauherrn bzw. der Bauherrin. Neben den technischen Belangen ist insbesondere der finanzielle Aufwand zu beachten. Ausführliche Angebote von mehreren Stellen sind Voraussetzung für eine tragfähige Entscheidung.

In der Umsetzungs- und Ausführungsphase des Wintergartens sind Ausführende unterschiedlichster Gewerke erforderlich. Die Koordination von gewerkeübergreifenden Arbeiten ist eine schwierige Aufgabe, die im Leistungsbereich des Architekten bzw. der Architektin liegt [3]. Welche verschiedenen Gewerke bei der Umsetzung benötigt werden, verdeutlicht die folgende Aufstellung.

Tabelle 2 Beteiligte Gewerke

Nr.	Leistung	Gewerk
1	Planung mit Baueingabe	Objektplanung
2	Statik von Rahmenkonstruktion und Verglasung	Tragwerksplanung
3	Planung Wärme- und Sonnenschutz	Energieberatung, Fachplanung Bauphysik
4	Bodenarbeiten, Fundamente	Beton- und Stahlbetonarbeiten
5	Fußbodenheizung, Wasseranschluss	Heizungs- und Sanitärarbeiten
6	Fliesenboden	Fliesenlegearbeiten
7.1	Aufbau Rahmenkonstruktion in Aluminium, Stahl	Metallbauarbeiten
7.2	Aufbau Rahmenkonstruktion in Holz	Zimmerer- und Holzbauarbeiten

Nr.	Leistung	Gewerk
8	Verglasung	Verglasungsarbeiten
9	Fenster und Türen	Zimmerer- und Holz-/Metallbauarbeiten
10	Fugenabdichtungen	Verfugarbeiten
11	Anstricharbeiten	Maler- und Lackierarbeiten – Beschichtungen
12	Aufdachmarkise, Markisen, Rollläden	Rollladenbauarbeiten
13	Elektrische Anschlüsse	Elektroinstallationsarbeiten
14	Begrünung	Gärtnerarbeiten

Die Aufstellung zeigt, dass an der Herstellung des Wintergartens 14 verschiedene Gewerke beteiligt sein können. Diese einzelnen Gewerke müssen von der Fachplanung beauftragt, terminlich organisiert, fertigungsüberwacht und ihre Abrechnung überprüft werden, wodurch ein erheblicher Planungsaufwand entsteht. Beim Sommergarten werden nicht alle diese Gewerke benötigt, die Konstruktion ist weniger aufwändig.

Erfolgt die Herstellung des Wintergartens durch eine zertifizierten Wintergarten-Hersteller, übernimmt dieser in seiner Verantwortung alle genannten Gewerke durch eigene oder beauftragte Monteure. Wenn keine externe Planung vorliegt, obliegt die Planung dem ausführenden Handwerksbetrieb. Er wird selbst zum Planer und ist in vollem Umfang für seine Planungsleistungen und deren Ausführung verantwortlich.

Für die handwerkliche Ausführung der verschiedenen Gewerke sind die Vorgaben der Vergabe- und Bedingungsverordnung für Bauleistungen DIN 18299 VOB Teil C [7] mit den wichtigsten Normen zu beachten. Es sollte jedoch berücksichtigt werden, dass Regelwerke lediglich Handlungsempfehlungen für Planende und Ausführende darstellen. Viele Vorgaben aus den Regelwerken sind Kompromisse, die sich aus Diskussionen in Ausschüssen zu bauphysikalischen Grundlagen und handwerklichen Erfahrungen ergeben. Eine strikte Anwendung technischer Regeln garantiert nicht immer eine fehlerfreie Ausführung. Die Annahme, man sei durch die Einhaltung der DIN-Normen auf der sicheren Seite und das Bauteil sei daher mangelfrei, ist oftmals ein Trugschluss. DIN-Normen stellen keine Rechtsnormen dar, sondern sind lediglich private technische Regelungen mit Empfehlungscharakter, es sei denn, es wird in Gesetzen oder Verordnungen auf sie verwiesen. Die Regelwerke sollen zur Schadenfreiheit des eingebauten

Winter- oder Sommergartens über die vorgesehene Nutzungsdauer bei üblicher Instandhaltung dienen.

In der Planungsphase sind für den geschlossenen Wintergarten die technischen Lösungen für den Wärme- und Sonnenschutz in Absprache mit dem Bauherrn festzulegen. Dieser Bereich beinhaltet meistens einen Eingriff in das vorhandene Heizsystem des Wohngebäudes. Für die technische Lösung sind besondere Abstimmungen mit einer Heizungsfachkraft erforderlich.

Zur Planung gehört der statische Nachweis der Entwürfe des Winter- oder Sommergartens durch einen Tragwerksplaner bzw. eine Tragwerksplanerin. Sollte von Herstellerseite eine Typenstatik des verwendeten Systems vorliegen, kann darauf zurückgegriffen werden.

Sind diese Planungsbereiche in finaler Klärung und Darstellung ausgearbeitet, ist es auch Aufgabe der Planung, beim zuständigen Bauamt die Baugenehmigung einzuholen.

Wenn die wesentlichen Fragen und Vorstellungen im Rahmen der Planungsphase erarbeitet sind, kann ein Leistungsverzeichnis für ein Angebot erstellt werden. Wintergartenhersteller oder Fachfirmen, die aufgrund des Leistungsverzeichnisses ein Angebot erstellen, sind sachlich auf technische Richtigkeit und Vollständigkeit zu prüfen. Die Angabe im Angebot lässt nicht immer eine fachgerechte Ausführung erwarten. Deshalb sind Nachfragen und eventuelle Ergänzungen erforderlich. Dies gilt auch für die Kostenangaben.

7 Der Wärmeschutz

Beim Wintergarten sind Maßnahmen zum Wärmeschutz zu beachten, während beim Sommergarten kein Wärmeschutz erforderlich ist. Der Wintergarten gehört als Wohnwintergarten zum Bestand des Gebäudes und dient als eine zusätzliche beheizte Wohnraumerweiterung. Die energetischen Anforderungen an Gebäude sind im Gebäudeenergiegesetz GEG [1] festgelegt. Wärmeschutz bedeutet auch Emissionsschutz, denn wo weniger Energie verbraucht wird, werden weniger Schadstoffe abgegeben. Der Energieverbrauch während der Nutzung des Wintergartens ist auch vom Verhalten des Bewohners abhängig. Damit der Wintergarten insbesondere im Winter nicht zum Energieverschwender wird, obliegt eine angepasste Beheizung dem Nutzer.

Bei Schnee wird schnell sichtbar, wenn zu viel Wärme entweicht. Warme Luft steigt nach oben zum Glasdach und erhöht die Glastemperatur. Je nach Beheizung des Wintergartens bleiben größere Schneeanhäufung nicht auf dem Glasdach liegen, sondern der Schnee taut auf der Glasfläche und rutscht vom Glasdach ab (Bild 36).

Bild 36 Schnee rutscht vom Glasdach ab

Die Art der Beheizung des Wintergartens erfordert eine Planung, bei der die Anpassung an die bestehende Hausbeheizung berücksichtigt wird. Erst bei sehr großen Wintergärten, deren Grundfläche mehr als 50 Quadratmeter beträgt, oder beim Einbau eines neuen Wärmeerzeugers greifen die Neubaustandards nach dem GEG Gebäudeenergiegesetz [1]. Der Wärmedämmstandard des Gebäudes ist in dem Fall auch für den Wintergarten anzusetzen. Heizungsbaufirmen haben Fachkräfte, die geeignete Maßnahmen zur Einhaltung des Gebäudeenergiegesetzes (GEG) vorschlagen können. Gemäß dem GEG besteht die Verpflichtung zu einem Energie-Beratungsgespräch. Für die Planung eines Wintergartens ist es immer zu empfehlen.

Hinsichtich der wärmeschutztechnischen Maßnahmen ist der Wintergarten als ein geschlossener Anbau an ein Gebäude zu betrachten. Er besteht aus vertikalen dreiseitigen Flächen, die mit Fenstern aus Mehrscheiben-Isolierglas versehen sind. Auch das Glasdach des Wintergartens setzt sich aus einer Sparrenkonstruktion mit Mehrscheiben-Isolierglas zusammen. Die Anforderungen an den Wohnwintergarten werden in Einzelkomponenten im GEG der Anlage 7 [1] festgelegt mit:

- Wärmedurchgangskoeffizient des Glasdaches $U_w/U_g \leq 2{,}0$ W/m²K
- Wärmedurchgangskoeffizient der Fenster $U_w \leq 1{,}3$ W/m²K
- Wärmedurchgangskoeffizient von Schiebetüren $U_w \leq 1{,}6$ W/m²K
- Wärmedurchgangskoeffizient der Bodenplatte $U \leq 0{,}3$ W/m²K
- Wärmedurchgangskoeffizient von opake Paneelfelder $U_c \leq 1{,}5$ W/m²K

Der Wärmedurchgangskoeffizient (U-Wert) beschreibt, wie viel Watt (W) pro Quadratmeter eines Bauteils (m^2) und pro Grad Temperaturunterschied (K als Einheit für Kelvin) verloren gehen. Je niedriger der Wärmedurchgangskoeffizient ist, je größer ist die Dämmwirkung und desto geringer sind der Energieverbrauch und die Schadstoffabgabe zur Aufrechterhaltung der gewünschten Raumtemperatur. Da der Glasanteil des Wintergartens wesentlich größer ist als der Rahmenanteil der Tragkonstruktion, beeinflusst das Mehrscheiben-Isolierglases maßgeblich das Wärmedämmverhalten der Glashülle. Die Auswahl des Mehrscheiben-Isolierglases ist in der Planung besonders zu berücksichtigen. Um Wärmebrücken in der Tragkonstruktion und insbesondere an den Übergängen zu vermeiden, muss gemäß dem Gebäudeenergiegesetz (GEG) die Anforderung von $U = 0{,}24$ W/($m^2 \cdot$ K) erfüllt werden. Tragkonstruktionen und Sparren aus Metall müssen beim beheizten Wintergarten thermisch getrennt sein. Die Werte der Wärmedurchgangskoeffizienten basieren auf dem Gebäudeenergiegesetz GEG und können sich im Laufe der Jahre immer wieder ändern. Dabei kann es auch zu einer Verschärfung des GEG mit neuen Festlegungen bezüglich der Anforderungen an das Referenzgebäude kommen. Die Planung des Wintergartens muss sich immer an der aktuellen Gesetzeslage orientieren.

Bild 37 Höchstwerte der Wärmedurchgangskoeffizienten von Außenbauteilen bei Änderung an bestehenden Gebäuden nach Anlage 7 zu § 48 des GEG [1]

Bei der Dachverglasungen entsteht der physikalische Effekt, dass sich der Wärmedurchgangskoeffizient des Mehrscheiben-Isolierglases in Abhängigkeit des Neigungswinkels geringfügig verändert. Diese Wirkung zeigt sich an einem Beispiel einer Dreifach-Isolierglasscheibe mit folgenden Werten:

Bild 38 Beispiel der Veränderung vom U_g vertikal und in Neigung

Die Ursache in der geringen Veränderung des U_g-Wertes entsteht durch die Konvektion des Füllgases im Scheibenzwischenraum, da sich mit der Neigung der Wärmetransport des Gases verändert. Eine Berücksichtigung des U_g-Wertes bei energetischen Betrachtungen ist bei geneigten Verglasungen zu berücksichtigen.

Im Anschlussbereich zwischen der vorhandenen Wand des Bestandsgebäudes und den Wandprofilen des Wintergartens entsteht ein kritischer Übergang. Nach DIN 4108-2 [8] ist an diesen Schnittstellen der Temperaturfaktor $f_{Rsi} \geq 0{,}70$ einzuhalten.

Der Temperaturfaktor f_{Rsi} wird nach DIN EN ISO 10211 ermittelt. Der Index R_{si} steht für den der Berechnung zugrunde gelegten raumseitigen Wärmeübergangswiderstand R_{si}.

Der Temperaturfaktor ergibt sich zu:

$$f_{Rsi} = \frac{\Theta_{si} - \Theta_e}{\Theta_i - \Theta_e}$$

Dabei ist

Θ_{si} = die raumseitige Oberflächentemperatur

Θ_i = die Innenlufttemperatur

Θ_e = die Außenlufttemperatur

Wird die Anforderung an den Temperaturfaktor mit $f_{Rsi} \geq 0{,}70$ erfüllt, ist unter den vorgegebenen Bedingungen am raumseitigen Übergang eine Oberflächentemperatur von 12,6 °C vorhanden. Bei einer Raumlufttemperatur von 20 °C und 50 % Luftfeuchte beträgt die Taupunkttemperatur 9,3 °C und die schimmelpilzkritische Temperatur liegt bei 12,6 °C. Diese Mindestoberflächentemperatur wird mit der sogenannten 13°-Isotherme durch komplexe Berechnungen unter Berücksichtigung der Materialeigenschaften und der konstruktiven Ausführung ermittelt.

Die Montage des Wintergartens erfolgt mit dem Pfosten meistens direkt auf der vorhandenen Putzschicht der Bestandswand. Zwischen Putzschicht und Pfosten befindet sich eine Regensperre auf der Außenseite und eine luftdichte Abdichtung auf der Raumseite. Im raumseitigen Eckübergang der Abdichtung zur Putzschicht ist die kritische Lage des f_{Rsi} (Bild 39).

Mit der Isothermenberechnung im Übergangsbereich kann der Wert f_{Rsi} ermittelt werden. Der raumseitige Wandbereich neben dem Wandpfosten bildet meistens einen wärmetechnischen Schwachpunkt, bei dem die Forderung von $f_{Rsi} \geq 0{,}70$ in der Regel nicht zu erfüllen ist. Mit einer außenseitig aufgebrachten Wärmedämmschicht kann der f_{Rsi} Wert erhöht werden. Diese zusätzliche Dämmmaßnahme muss im Einklang mit der vorhandenen Fassade konzipiert werden. Ohne zusätzlich Maßnahmen kann die Gefahr einer örtlichen Tauwasserbildung mit Schimmelbildung auf der Raumseite neben dem Pfosten zur Wandfläche nicht ausgeschlossen werden.

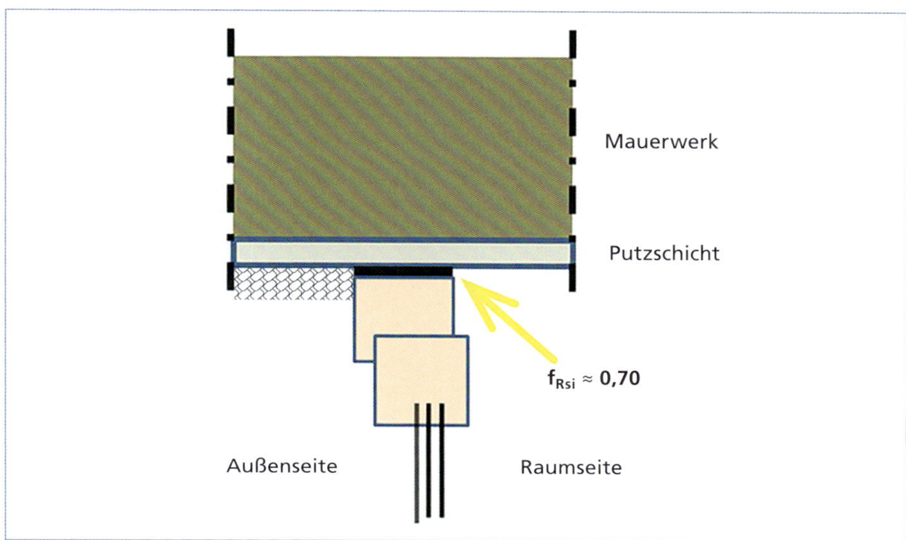

Bild 39 Wandausschnitt mit Lage des f_{Rsi}

Die Ursache für Tauwasserbildung ist eine Unterschreitung der Taupunkttemperatur. Das in der Luft enthaltene Wasser kondensiert beim Auftreffen auf kalten Profiloberflächen und führt zu einem Tauwasserbelag. Auf geeigneten Nährböden, wie z. B. Putzflächen im Übergang zum Wandpfosten oder dünnen Staub- und Schmutzschichten, bildet Tauwasserbelag die Basis für die Entstehung von Pilzen. Da Tauwasserbefall während der kalten Jahreszeiten wiederkehrend auftritt, kann sich der Pilz in dieser Zeit entwickeln.

Der wärmetechnische Aufwand bei der Planung und beim Betrieb eines Wintergartens ist erheblich. Wer ihn vermeiden will, ist mit einem Sommergarten vielleicht besser beraten. Ein Sommergarten muss keine wärmeschutztechnischen Aufgaben erfüllen.

8 Der Sonnenschutz

Das besondere Merkmal des Winter- oder Sommergartens sind die großen Glasflächen, die die einfallende Sonneneinstrahlung nutzen, um Energie zu gewinnen. Diesen Effekt nennt man auch passive Sonnenenergienutzung. Das Mehrscheiben-Isolierglas besitzt die Eigenschaft, einen Teil der auftreffenden Sonnenstrahlung in den Raum durchzulassen, einen Teil zu reflektieren und einen Teil zu absorbieren. Der Kennwert für den Anteil der gesamten Sonneneinstrahlung, der über die Verglasung in den Innenraum des Wintergartens eintritt, nennt man Gesamtenergiedurchlassgrad (g-Wert in %). Der g-Wert hängt wesentlich vom Aufbau des Mehrscheiben-Isolierglases und sekundär auch von der Dicke der Außenscheibe ab.

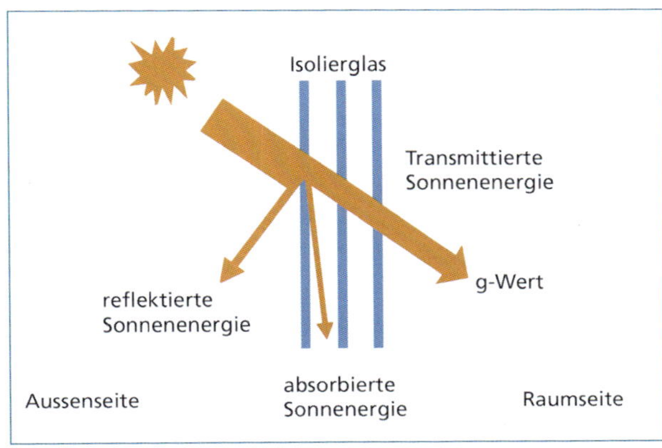

Bild 40 Der g-Wert beim Mehrscheiben-Isolierglas

Die in den Innenraum eindringende kurzwellige Strahlung (Wellenlänge bis 380 nm) wird von den Innenwänden, dem Boden und den Einrichtungsgegenständen absorbiert und durch langwellige Wärmestrahlung (Wellenbereich ab 780 nm) in Wärme umgewandelt abgegeben. Dieser Effekt ist an der Erhöhung der Oberflächentemperaturen der Gegenstände im Wintergarten fühlbar festzustellen. Die eingefangene Energie führt zum Treibhauseffekt. Sie hängt vom Strahlungsangebot der geografischen Lage, dem Einfallswinkel zur Glasdachschräge und dem Typ des Mehrscheiben-Isolierglases ab. Auch das Nutzerverhalten spielt dabei eine Rolle.

Das Beispiel in Bild 41 zeigt, dass bei 3-fach-Mehrscheiben-Isolierglas ca. 50 % der auftreffenden Sonnenenergie in den Wintergarten eindringt. Die Raumtemperaturen können so stark ansteigen, dass sie für Menschen und Pflanzen kritisch werden.

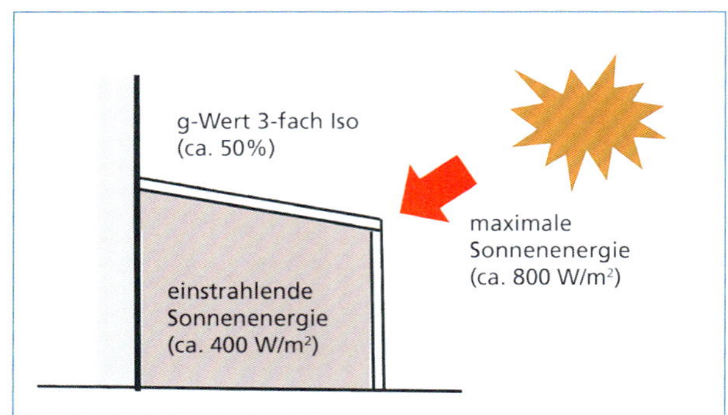

Bild 41 Auswirkung der einstrahlenden Sonnenenergie über Mehrscheiben-Isolierglas

Um den Treibhauseffekt zu vermeiden, kann eine natürliche Beschattung durch geeigneten Baumbestand auf der Außenseite genutzt werden. Großvolumige Laubbäume dienen als natürlicher Schattenspender und helfen dabei, einen Teil der Wärme aus der Sonneneinstrahlung abzuhalten. In den meisten Fällen ist diese natürliche Möglichkeit jedoch nicht gegeben. Daher ist es erforderlich, das Wintergartendach oder das Glasdach der Terrasse mit einer Aufdachmarkise zu beschatten.

8-1 Aufdachmarkise

Eine angemessene Wintergartenbeschattung durch eine Aufdachmarkise auf der Außenseite beugt einer Überhitzung mit zu hohen Innentemperaturen vor und dient auch als Blend- und Sichtschutz. Je nach Beschattungssystem können ca. 70 bis 80 % der einstrahlenden Sonnenenergie reflektiert werden, womit eine Überhitzung des Innenraums vermieden wird. Eine angepasste, elektromotorisch angetriebene Aufdachmarkise muss wetterfest sein und gehört zur Ausstattung eines qualitativen Wintergartens. Die Bedienbarkeit des Markisenmotors mit einem Handsensor ist heute obligatorisch. Alternativ kann das Aus- und Einfahren nach den vorliegenden Wetterverhältnissen über einen Windwächter und ein Solarimeter automatisch erfolgen.

Bild 42 Wintergarten mit einer Aufdachmarkise

8-2 Unterdachmarkise

Es gibt Bausituationen, die das Anbringen einer Aufdachmarkise aus Platzgründen nicht ermöglichen. Hier kann der Einbau einer Unterdachmarkise eine Alternative sein. Diese bietet einen guten Sichtschutz. Der Wärmeeintrag über die Dachverglasung wird jedoch nur geringfügig gemindert. Zwischen der Unterdachmarkise und der Glasfläche muss ein Freiraum vorhanden sein, der den entstehenden Wärmestau über die Luftströmung abbaut. Wird der Wärmestau nicht oder zu wenig reduziert, können an den Glasflächen Oberflächentemperaturen entstehen, die im ungünstigsten Fall zum Glasbruch führen. Unterdachmarkisen sind deshalb nur dann angebracht, wenn bei Sonneneinstrahlung an den Glasflächen keine kritische Oberflächentemperatur entstehen kann.

Bild 43 Unterdachmarkise

Innenliegender Sonnenschutz hat aber bei kalten Außentemperaturen einen Vorteil. Wenn sich die Bewohner bei kalten Außentemperaturen nahe an der Glasfläche aufhalten, fühlt die Raumluft sich dort unangenehm kalt an. Ein innen angebrachter Sonnenschutz reduziert das Kälteempfinden und erhöht die Behaglichkeit.

8-3 Raumtemperierung durch Lüftung

Zusätzlich zur Beschattung kann auch die natürliche Lüftung des Wintergartens zu einer Reduzierung der Raumtemperatur beitragen. Ob dabei die Windlüftung oder die thermische Lüftung infolge von Temperaturunterschieden überwiegt, hängt von den aktuellen klimatischen Bedingungen ab. Bei der thermischen Lüftung wird so lange Wärme aus dem Glashaus abgeführt, bis die Luft im Wintergarten die gleiche Temperatur hat wie die Umgebungsluft. Ein weiteres Abkühlen der Luft im Wintergarten ist auf natürliche Weise nicht möglich.

Die wirksamste natürliche Lüftung wird durch vollständiges Öffnen der gartenseitig angeordneten Dreh- oder Schiebetüren erreicht. Am effektivsten wird Außenluft im unteren Bereich des Wintergartens zugeführt und im oberen Bereich wieder abgeführt. Frische Luft tritt ein und verbrauchte, warme Luft wird herausgelassen. Konstruktive Öffnungen als Kipp- oder Klappfenster in den oberen Bereichen der Seitenwände können einen zusätzlichen Luftaustausch bewirken.

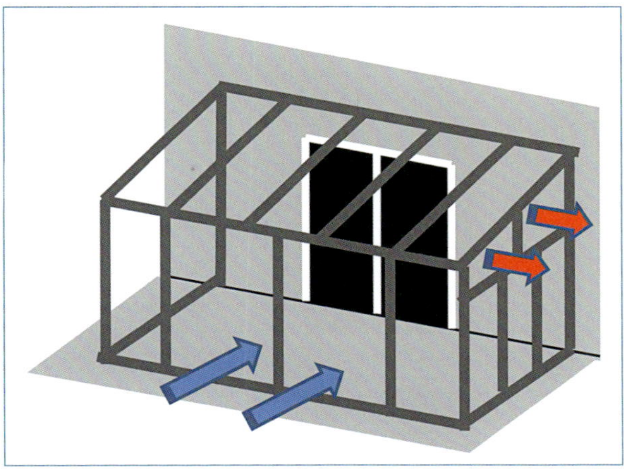

Bild 44 Lüftungsprinzip mit Querlüftung

Die Lüftung des Wintergartens kann auch auf mechanische Weise erfolgen. Für die Auswahl des richtigen Lüfters sollten sowohl die Lüfterleistung als auch die Luftwechselzahl beachtet werden. Die mechanischen Lüfter erzeugen Geräusche und können abhängig von ihrer Position im Wintergarten Zugerscheinungen verursachen. Vorzugsweise sollte der mechanische Lüfter an einen elektronischen Temperaturfühler angeschlossen sein, damit eine nutzerunabhängige Belüftung möglich ist.

Bild 45 Beispiel für einen mechanischen Lüfter

Um den Treibhauseffekt bei Sonneneinstrahlung bestmöglich zu reduzieren, empfiehlt sich eine Kombination der genannten Maßnahmen. Die Aufdachmarkise hat den größten Nutzerfolg für einen wirksamen Sonnenschutz.

8-4 Jalousien und Raffstores

Die seitlichen vertikalen Verglasungen des Wintergartens können ebenfalls gegen Sonneneinstrahlung geschützt werden. Um einen effektiven Sonnenschutz an den Seitenverglasungen zu gewährleisten, werden außen motorisch gesteuerte Jalousien oder Raffstores angebracht. Diese haben den Vorteil, dass sie bei Wartung und Reinigung gut zugänglich sind.

Bild 46 Seitenverglasung mit außenseitigen Jalousien schützen vor Sonneneinstrahlung

Bei Mehrscheiben-Isolierglas mit integriertem Behang im Scheibenzwischenraum (SZR) bildet die Jalousie oder der Plissee-Behang einen beweglichen Sonnen- oder Sichtschutz, der durch den Nutzer individuell eingestellt werden kann. Der Behang wird im abgeschlossenen Scheibenzwischenraum vor äußeren Einflüssen geschützt. Reinigungs- oder Wartungsmaßnahmen am Behang oder der Motoreinheit sind durch den geschlossenen Scheibenzwischenraum nicht erforderlich. Der Markt bietet eine Vielzahl an Systemen an. Entscheidend ist jedoch die Frage der Gebrauchstauglichkeit. Zum Einsatz sollte nur Mehrscheiben-Isolierglas mit Jalousien oder Plissee-Behang im Scheibenzwischenraum kommen, von denen ein umfangreicher Nachweis der Gebrauchstauglichkeit nach der ift-Richtlinie [36] vorliegt.

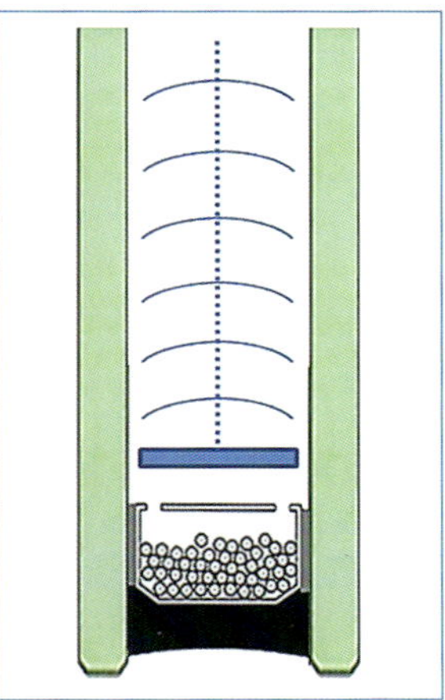

Bild 47 Mehrscheiben-Isolierglas mit Jalousie im Scheibenzwischenraum

Ein Sichtschutz in Form eines Lamellenbehangs auf der Raumseite der vertikalen Seitenverglasung kann den Wärmeeintrag durch Sonnenbestrahlung nur teilweise verhindern. Der Sichtschutz kann elektrisch oder händisch betätigt werden. Die Spaltöffnungen der Lamellen können je Glaselement individuell eingestellt werden und ergeben eine interessante architektonische Gestaltung.

Bild 48 Lamellenbehang auf der Raumseite

Bei einem qualitativ hochwertigen Wintergarten ist ein Sonnenschutz sowohl im Glasdachbereich als auch an den vertikalen Seitenwänden selbstverständlich. Mit verschiedenen technischen Möglichkeiten kann man den Sonneneintrag in den Raum reduzieren.

Beim Sommergarten beschränkt sich der Sonnenschutz auf das Glasdach. Mit einer Aufdachmarkise kann ein erheblicher Sonneneintrag vermieden werden. Bei einem Sommergarten mit Lamellendach kann der Sonneneintrag individuell gesteuert werden, indem die Lamellen in verschiedene Positionen gebracht werden. Der Sonnenschutz bei der Pergolamarkise ergibt sich durch die Einstellung der Markise.

9 Die Tragwerksplanung

Der Wintergarten ist ein räumliches Element mit tragenden Rahmen, Überkopfverglasungen und Ausfachungen sowie Glas- oder Paneelfeldern. Besonders zu beachten sind die Bemessung des Glases und das Zusammenwirken mit dem Tragsystem. Das Tragwerk kann aus Holzprofilen, Aluminiumprofilen oder Stahlprofilen bestehen. Die Profile werden mit materialüblichen Verbindern und Edelstahl-Verschraubungen zusammengefügt.

In der Regel wird der Wintergarten an ein bereits vorhandenes Bestandshaus angebaut. Zur Tragwerksplanung des Wintergartens gehört auch der Nachweis der konstruktiven Anbindungen an das Haus. Die Verbindung zwischen der Wintergartenkonstruktion und dem Bestandsbau muss alle aus dem Anbau entstehenden Kräfte aufnehmen und die unterschiedlichen Verformungen zwängungsfrei ausgleichen.

In der Musterbauordnung [4] sind allgemeine Vorgaben aufgeführt, die auch für Wintergarten und Terrassenüberdachungen des Sommergartens anzuwenden und zu beachtet sind. Hierzu zählen folgende Auszüge:

»§ 2 Begriffe: Bauliche Anlagen sind mit dem Erdboden verbundenen, aus Bauprodukten hergestellte Anlagen; eine Verbindung mit dem Boden besteht auch dann, wenn die Anlage durch eigene Schwere auf dem Boden ruht oder ortsfesten Bahnen begrenzt beweglich ist oder wenn die Anlage nach ihrem Verwendungszweck dazu bestimmt ist, überwiegend ortsfest benutzt zu werden.

§ 3 Allgemeine Vorschriften: Anlagen sind so anzuordnen, zu errichten, zu ändern und instand zu halten, dass die öffentliche Sicherheit und Ordnung, insbesondere Leben, Gesundheit und die natürlichen Lebensgrundlagen, nicht gefährdet werden; dabei sind die Grundanforderungen an Bauwerke gemäß Anhang I der Verordnung (EU) Nr. 305/2011 [5] zu berücksichtigen.

§ 12 Standsicherheit: Jede bauliche Anlage muss im Ganzen und in ihren einzelnen Teilen für sich allein standsicher sein. Die Standsicherheit anderer baulicher Anlagen und die Tragfähigkeit des Baugrundes des Nachbargrundstücks dürfen nicht gefährdet werden.«

Primär ist der Bauherr für die korrekte Einhaltung und Umsetzung der Vorgaben verantwortlich. Wenn der Bauherr selbst keine Fachkraft ist, kann er den beauftragten Planer oder geeignete baukundige Beteiligte hinzuziehen.

Für die statischen Nachweise ist ein Bauplan mit einer Ansichtszeichnung, den Abmessungen und den erforderlichen Bauteilen des Wintergartens erforderlich. Aus dem Ansichtsplan können die Einzelteile für die Stückliste ermittelt werden. Die Dimensionierung der Bauteile erfolgt nach den statischen Vorgaben.

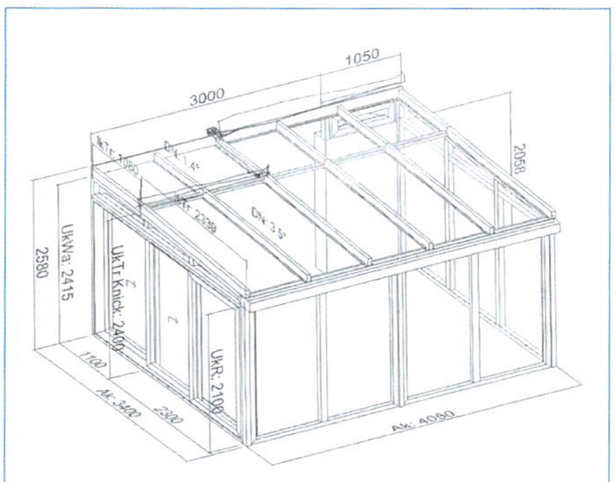

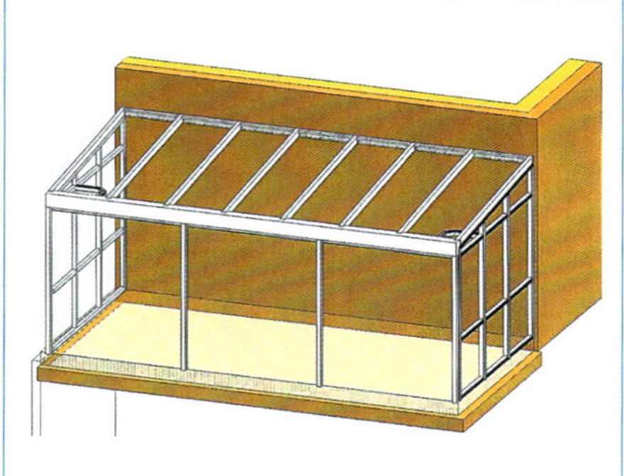

Bild 49 Beispiele für den Bauplan eines Wintergartens

Mit der Lastabtragung über die Glasdachflächen des Wintergartens werden die Sparren, Pfosten und Traufe des Wintergartens zu mittragenden Bauteilen und sind statisch nachzuweisen. Die Lasten müssen von der Rahmenkonstruktion getragen werden und sicher an die umliegenden Bauteile und Fundamente abführen. Die Tragsicherheit und Gebrauchstauglichkeit sind für die in DIN EN 1991-1 Eurocode 1 [9] vorgegebenen Einwirkungen nachzuweisen. Dabei sind Lasten aus Wind, Schnee und Eigengewicht, wozu auch das Gewicht der Aufdachmarkise zählt, zu berücksichtigen. Die Höhe der Windlasten ist entsprechend den in DIN EN 1991-1-4/NA [9] angegebenen Geländekategorien anzunehmen. Für das Mehrscheiben-Isolierglas des Glasdaches und der vertikalen Glaswände gilt DIN 18008-1 [10].

Der Statiker bzw. die Statikerin als Ersteller der statischen Berechnung übernimmt nur dann die Verantwortung für alle Bauteile, wenn das Gesamtbauwerk ohne Abänderung gemäß der vorliegenden, geprüften Berechnung ausgeführt wird.

Alle statisch nicht nachgewiesenen Anschlüsse müssen fachgerecht nach den anerkannten Regeln der Technik ausgeführt werden.

Der Anschluss des Wintergartens an die bestehende Gebäudewand erfolgt in den meisten Fällen wie schematisch in Bild 50 in Beispiel A dargestellt. Es gibt jedoch auch Bausituationen, in denen der Wintergarten an die vorhandene Betondecke eines Balkons angeschlossen wird (Bild 50, Beispiel B).

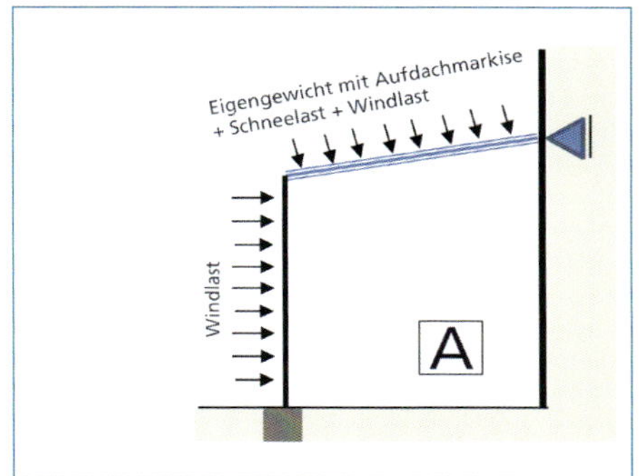

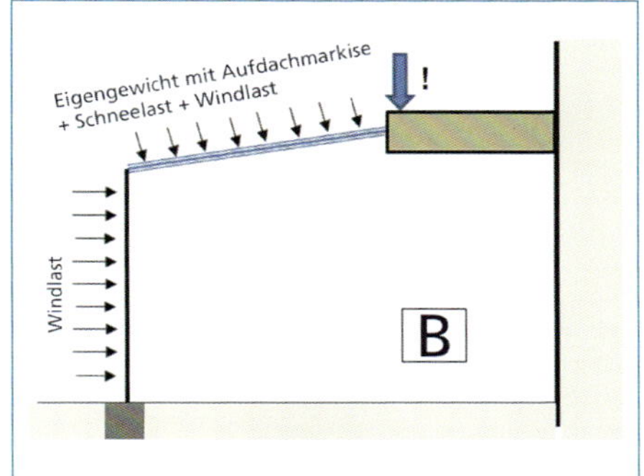

Bild 50 Die Lastannahmen und die Auflagerbedingungen sind zu berücksichtigen

A: Die Rahmenkonstruktion des Wintergartens wird mit Ankern oder Schwerlastdübeln an der Bestandswand des Kernhauses befestigt. Die Befestigung muss die Übertragung der Lasten aus dem Wintergarten in die Wand gewährleisten. Die Wand muss dabei in der Lage sein, die Kräfte schadenfrei aufzunehmen.

B: Durch den Anbau des Wintergartens an die Stirnseite eines Balkons im ersten Obergeschoss entsteht ein flächenvergrößerter Wohnwintergarten. Die gesamten Belastungen des Glasdachs des Wintergartens werden bei einer solchen Ausführung an die Balkonplatte übertragen. Balkonplatten sind in der Regel statisch nur für Personenlasten ausgelegt. Zusätzliche Lasten aus der Anbindung des Wintergartens können die maximalen Traglasten des Balkons überschreiten. Eine statische Überprüfung, ob die Balkonplatte die zusätzlichen Lasten aus dem Wintergarten aufnehmen kann, ist unbedingt erforderlich.

In einer statischen Berechnung erfolgt die Bestimmung der Lastübertragung auf das Tragsystem für jeden Sparren, Pfosten und Knotenpunkt. Die Ergebnisse der Trägheitsmomente dienen als Grundlage zur Festlegung der Abmessungen und Wandstärken der erforderlichen Aluminiumprofile oder der benötigten Querschnitte von Holzprofilen. Jeder berechnete Punkt einer Statik wird bezeichnet mit den ermittelten Daten in einer Liste aufgeführt. Hieraus ergibt sich die Auswahl der benötigten Profile.

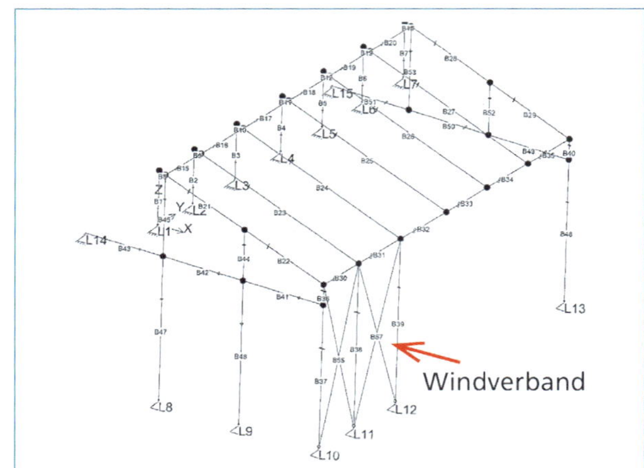

Bild 51 Beispiel für ein statisches System

Im statischen System in Bild 51 ist der erforderliche Windverband gekennzeichnet. Eine Besonderheit des Wintergartens ist, dass das Mehrscheiben-Isolierglas die Funktion des Windverbands übernehmen kann. Dazu kann das »Direct Glazing« angewandt werden, indem das Mehrscheiben-Isolierglas im Glasfalz zum Fensterrahmen eingeklebt wird. Über die Klebung des Mehrscheiben-Isoliergases zur Rahmenkonstruktion entsteht eine mittragende Wirkung, die den Windverband ersetzen kann. Hierzu ist ein Nachweis erforderlich, zum Beispiel nach der ift-Richtlinie VE-08/4 »Geklebte Verglasungssysteme« [37].

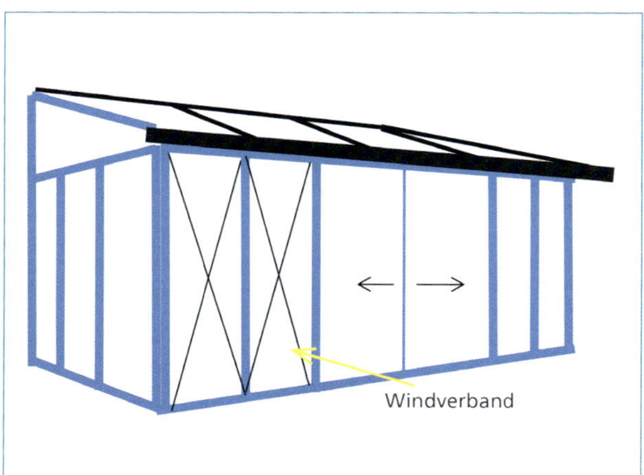

Bild 52 Schematische Darstellung für den Windverband über Mehrscheiben-Isolierglas

Die Befestigung der Pfosten und Rahmenteile der Wintergartenkonstruktion an das vorhandene Mauerwerk bedarf einer Zustandsprüfung der Tragfähigkeit. Die Befestigungsmöglichkeit kann mit unterschiedlichen Dübeln und Ankern erfolgen, die für das vorliegende Mauerwerk und den Betonsockel geeignet sind. Die Befestigungspunkte haben standardmäßig einen Abstand von ca. 800 mm untereinander und ca. 150 mm Abstand von den Eckpunkten. Abweichend hiervon sind in Abhängigkeit des Bauzustandes die Befestigungsmittel und deren Abstände individuell zu vereinbaren.

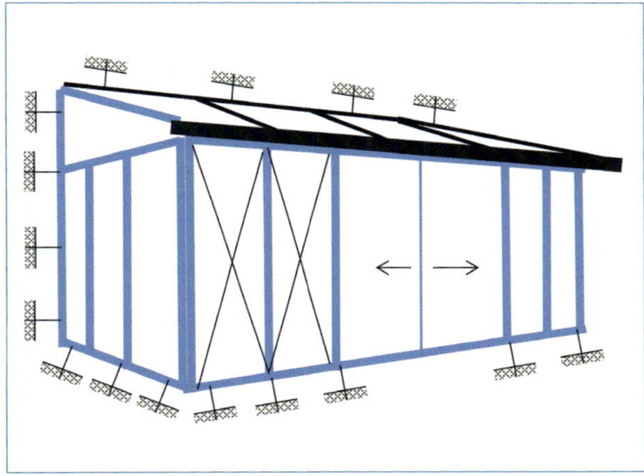

Bild 53 Schematische Darstellung von Befestigungspunkten

Ein wesentliches Bauteil des Wintergartens und Sommergartens ist das Mehrscheiben-Isolierglas des Glasdachs. Für die Bemessung des Mehrscheiben-Isolierglases gilt die DIN 18008-2 [11]. Hieraus leitet sich ab, dass eine Verglasungskonstruktion mit Mehrscheiben-Isolierglas im eingebauten Zustand zwei grundsätzliche Aufgaben erfüllen muss:

1. Die **Standsicherheit** bezieht sich primär auf die Bemessung der Glasscheibe, deren Vorgabe in der DIN 18008-2 [11] festgelegt ist. Hierzu ist der Grenzzustand der Tragfähigkeit aufgrund zu hoher Belastung für die Ermittlung des Punktes des wahrscheinlichen Versagens durch Glasbruch maßgeblich.
2. Der Grenzzustand der Gebrauchstauglichkeit nach [11] beschreibt den zu erwartenden Punkt, ab dem ein Bauteil als nicht mehr ordnungsgemäß nutzbar gilt. (z. B. Durchbiegung zu groß – Gefahr des Herausrutschens der Scheibe aus dem Auflager).

Das Bemessungskonzept basiert auf den Eurocode-Vorgaben in DIN EN 1991 [9]. Der Tragfähigkeitsnachweis für Glas nach [11] erfolgt nach $E_d \leq R_d$ mit folgendem Bezug:

E_d = Bemessungswert der Beanspruchung, aus Spannungen an der Glasoberfläche infolge von Wind, Schnee, Klima, Temperatur sowie Druckdifferenzen aus Klimalasten, vergrößert mit Teilsicherheitsbeiwerten.

R_d = Bemessungswert des Widerstandes, aus Grenzspannungen, angepasst über Beiwerte oder verkleinert mit Material-Teilsicherheitsbeiwert.

Das Glasbemessungskonzept nach DIN 18008 [11] ist eine Risikoabschätzung zur Ermittlung der Glasdicke. Die komplexen Berechnungen sind vorzugsweise mit entsprechenden Software-Programmen durchzuführen, die der Markt auch für Wintergärten anbietet.

Die statischen Anforderungen und vor allem die Standsicherheit des Wintergartens und der Terrassenüberdachung sind einschließlich der Verglasung nachzuweisen. Bei marktüblichen Wintergartensystemen nach der Modultechnik liegen meistens typenstatikähnliche Berechnungen für viele Konstruktionsarten vor. Es ist jedoch ratsam, Fachleute bei der Planung objektbezogener Wintergärten einzubinden. Die Bemessung der Profile und der Verglasung kann mithilfe entsprechender Software für Wintergärten erfolgen.

10 Die Baugenehmigung

Bei der Umsetzung von Wunschvorstellungen bezüglich der Gestaltung eines Winter- oder Sommergartens müssen neben technischen Merkmalen auch die baurechtlichen Vorgaben erfüllt werden. Das Bauordnungsrecht beinhaltet eine Vielzahl von Vorschriften. Ausgehend von den europäischen Verordnungen sind insbesondere die Vorschriften der Bundesländer bis hin zur Nachbarschaftsvereinbarung zu beachten (Bild 54).

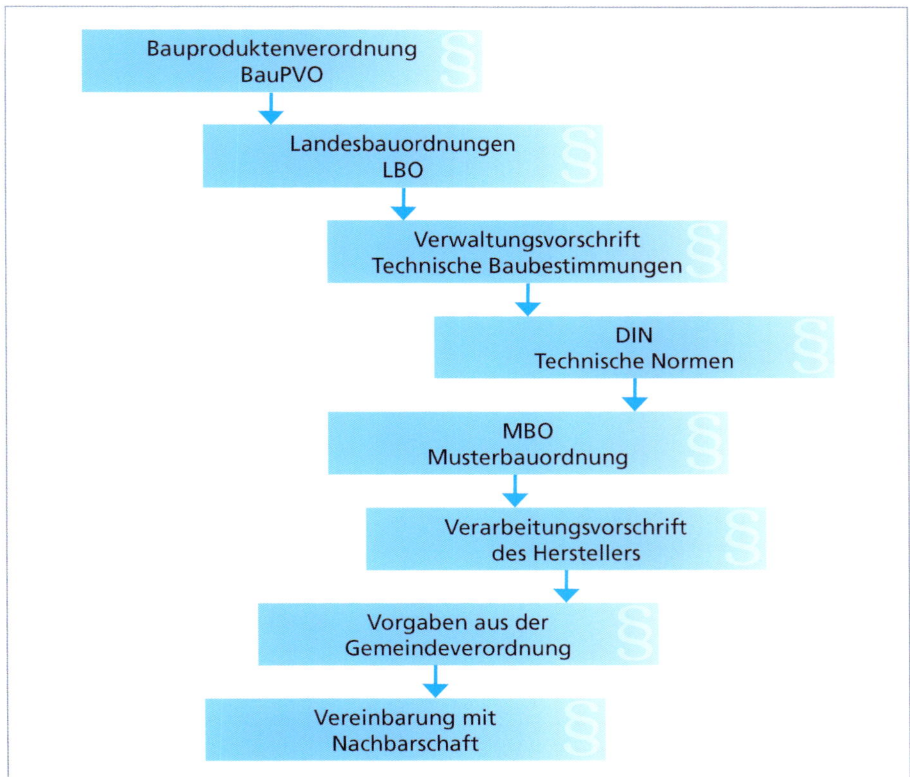

Bild 54 Rechtsvorschriften

In Deutschland wird das nationale Baurecht durch die Landesbauordnung geregelt, welche in den Zuständigkeitsbereich der einzelnen Bundesländer fällt. Daher können sich die Vorgaben für die Baugenehmigung eines Wintergartens von Bundesland zu Bundesland unterscheiden. Rechtlich gesehen sind der Wintergarten und der Sommergarten Bauwerke, die mit dem Boden verbunden sind und somit eine **Baugenehmigung** benötigen. Dazu ist vor Baubeginn durch eine bauvorlageberechtigte Person ein Bauantrag bei der zuständigen Baubehörde bzw. dem Bauamt zu stellen. In einigen wenigen Bundesländern gibt es Ausnahmen: Hier darf ein Wintergarten auch ohne Baugenehmigung errichtet werden. In diesem Fall legt die entsprechende Landesbauordnung eine Begrenzung der Wintergartenfläche auf unter 30 m^2 fest. Unabhängig von dieser Einschränkung sollte grundsätzlich eine Abstimmung mit dem Bauamt erfolgen, da die Bauvorgaben je nach Stadt- oder Gemeindeverordnung unterschiedlich ausgelegt werden können. Ein Ergebnis aus einer Gemeinderatssitzung zeigt der nachfolgende Auszug aus [46].

Freitag, 7. Juli 2023 Seite 17

Antrag auf Anbau eines Wintergartens

Pittenhart – Auf seiner jüngsten Sitzung behandelte der Gemeinderat Pittenhart einen Antrag auf Anbau eines Wintergartens im Ortsteil Oberbrunn bei dem Anwesen [geschwärzt]. Der Bauherr beabsichtigt, am südlichen Gebäudeteil einen Wintergarten in einer Größe von circa fünf mal 3,20 Meter anzubauen. Die seitliche Wandhöhe soll circa drei Meter betragen. Der Wintergarten soll teilweise unter den bestehenden Balkon gebaut werden. Das Vorhaben liegt im Geltungsbereich rechtskräftigen Bebauungsplanes „Pittenhart-Oberbrunn". Das Vorhaben ist zulässig, da es diesen Festsetzungen nicht widerspricht und die Erschließung gesichert ist. Für die abweichenden Punkte, wie Dachform, -neigung, -eindeckung, ausgewogenes Verhältnis zwischen Wand- und Fensterfläche werden die nötigen Befreiungen erteilt. Das bewilligt einstimmig das Vorhaben.emk

Bild 55 Auszug aus [46] für den Antrag des Wintergartens

Die Verantwortung für die Einholung der erforderlichen baurechtlichen Genehmigungen obliegt dem bauwilligen Grundstücks- oder Hausbesitzer. Meistens übergibt der Bauherr diese Arbeit an den beauftragten Planer oder einen bauvorlegeberechtigten Wintergartenhersteller. Der Bauherr sollte aber von den Maßnahmen, die extern Beauftragte durchführen, im Detail informiert sein.

Neben dem Baurecht ist auch das Nachbarschaftsrecht zu beachten. Um Unfrieden nach der Herstellung des Wintergartens zu vermeiden, ist eine schriftliche Zustimmung des Nachbarn vor der Erstellung des Winter- oder Sommergartens ratsam. Eine mündliche Zusage lässt sich im Streitfall nicht mehr konkret nachweisen.

11 Ausführungsmerkmale

Ein Wintergarten, eine Terrassenüberdachung, ein Lamellendach oder eine Pergolamarkise sind bauliche Anlagen, die beim Anbau an das Kernhaus eine baurechtliche und funktionale Einheit mit dem Hauptgebäude bilden. Liegen die Planungsvorgaben, die Statik und die Baugenehmigung vor, kann mit dem Bau begonnen werden.

Bei der Herstellung, Ausführung und Montage des Wintergartens müssen die Vorgaben der Musterbauordnung MBO [4] beachtet werden.

»§ 85 a: Die Technischen Baubestimmungen sind zu beachten. Von den in den Technischen Baubestimmungen enthaltenen Planungs-, Bemessungs-und Ausführungsregelungen kann abgewichen werden, wenn mit einer anderen Lösung in gleichem Maße die Anforderungen erfüllt werden und in der Technischen Baubestimmung eine Abweichung nicht ausgeschlossen ist.«

In der Planung sind die wichtigsten Merkmale für einen Wintergarten vorgegeben, die in der Ausführung umgesetzt werden. Für die einzelnen Konstruktionselemente werden die in Bild 56 dargestellten allgemein gültigen Begriffe verwendet.

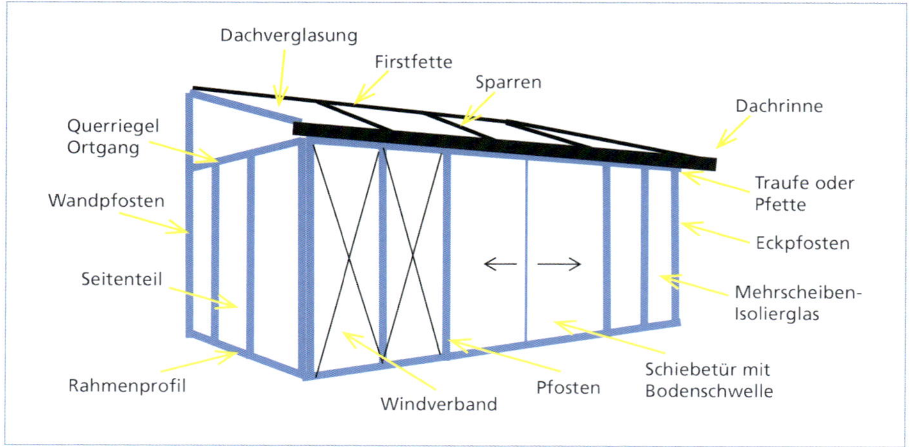

Bild 56 Bezeichnung der Konstruktionsteile des Wintergartens

Für die Ausbildung der Rahmenkonstruktion des Wintergartens eignen sich vorzugsweise Werkstoffe wie Holz, Holz-Aluminium oder Aluminium. Bei großformatigen Wintergärten kommen Stahlprofile zum Einsatz. Holz- und Stahlprofile benötigen eine schützende Beschichtung, die in regelmäßigen Abständen überarbeitet werden muss. Bei werkseitig beschichteten Aluminiumprofilen ist dies nicht erforderlich.

Holzprofile bestehen aus Brettschichtholz, welches in unterschiedlichsten Querschnitten erhältlich ist. Einheimisches Nadelholz wie Fichte, Lärche oder Kiefer eignet sich für die Rahmenkonstruktion. Die Holzteile befinden sich auf der Raumseite und werden außenseitig durch Aluminiumprofile über Pressleisten-Verglasung abgedeckt. Dadurch wird die Holzkonstruktion auf der Außenseite optimal geschützt.

Systemanbieter von Wintergärten aus Aluminiumprofilen verwenden für die Rahmenkonstruktion stranggepresste Präzisionsprofile aus Legierungen gemäß EN AW-6060 [12]. Die Verglasung auf der Außenseite der Aluminiumprofile wird durch Pressleisten gebildet. Die Oberfläche der Aluminiumprofile ist gemäß der Farbvorstellung des Bestellers einbrennlackiert.

Die Dimensionierung der Rahmenprofile in Holz oder Aluminium richtet sich nach den statischen Vorgaben.

Kunststoffprofile sind wegen der geringen statischen Tragfähigkeit als Tragprofile des Wintergartens ungeeignet. Für die Ausfachung der Seitenteile oder des Frontbereiches des Wintergartens sind Fensterelemente oder Festverglasung aus Kunststoffprofilen geeignet.

Bild 57 Wintergartenkonstruktionen aus Holz (links) oder aus Aluminium (rechts)

In den folgenden Abschnitten werden die wichtigsten Konstruktionsmerkmale für die Erstellung des Winter- oder Sommergartens beschrieben.

11-1 Der Bodenaufbau

Der Bodenaufbau eines Wintergartens unterscheidet sich grundlegend von dem eines Sommergartens. Der Wintergarten benötigt neben einem tragfähigen Fußboden auch ein Fundament zur Aufnahme der Rahmenkonstruktion. Im beheizten Wohnwintergarten muss der Bodenaufbau zusätzlich zu den statischen Anforderungen auch die wärmetechnischen Belange mit entsprechenden Lagen der Wärmedämmungen beachten. Bild 58 zeigt, die für den Bodenaufbau des Wintergartens erforderlichen Konstruktionselemente. An der Herstellung eines fachgerechten Bodenaufbaus sind verschiedene Gewerke beteiligt, die eine Koordination im Herstellungsablauf benötigen. Hier ist der Planer bzw. die Planerin gefordert, die notwendigen Abstimmungen zu gewährleisten.

Grundsätzlich benötigt der Wohnwintergarten eine wärmegedämmte und statisch tragende Bodenplatte in Verbindung mit einem frostfrei gegründeten Kranzfundament. Beim Neubau des Gebäudes kann im Rahmen der Bauerstellung gleich ein geeigneter Bodenaufbau vorbereitet und ausgeführt werden. Im Bestandsbau ist der vorhandene Terrassenboden als Boden für den Wintergarten nicht geeignet.

Werden die Arbeiten erst beim vorhandenen und bewohnten Gebäude durchgeführt, sind Aushubarbeiten bis auf den frostfreien Bereich erforderlich. Danach können die Betonarbeiten für das Streifenfundament für den Wintergarten oder die Punktfundamente für den Sommergarten erfolgen. Im Allgemeinen wird für die Betonarbeiten die Betongüte C25/30 nach DIN EN 206 [13] benötigt.

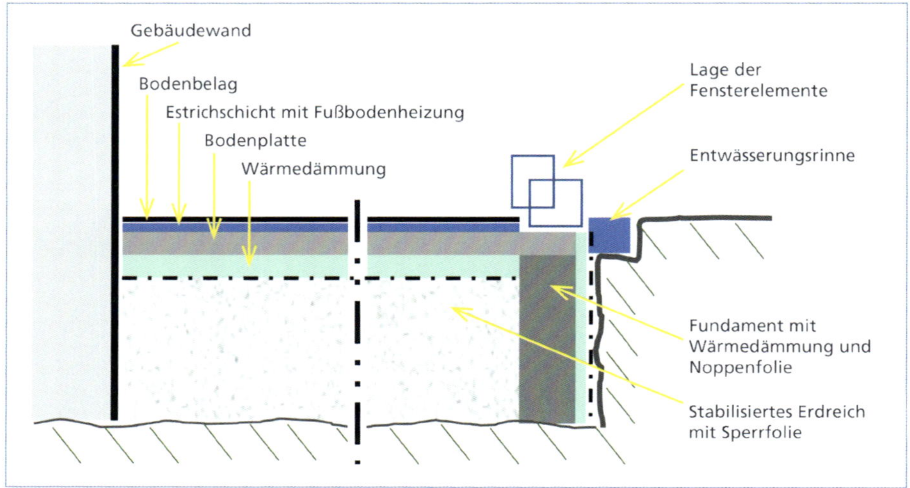

Bild 58 Prinzip-Darstellung des Bodenaufbaus

Nach dem Betonieren erfolgt der Schichtaufbau mit Sperrfolie, Wärmedämmung und Vorbereitung für die Fußbodenheizung. In der weiteren Ausführung entsteht ein Übergang zum nächsten Gewerk, dem Heizungsbau. Die Bodenarbeiten verursachen bei bewohnten Bestandsgebäuden erhebliche Störungen des Alltags und führen zu Schmutz- und Staubbelastungen. Deshalb sind Maßnahmen zum Staubschutz und zusätzlicher Reinigungsaufwand einzuplanen.

Für die Auswahl des Heizsystems ist eine Abstimmung mit dem Installateur unbedingt erforderlich. Der Anschluss einer Fußbodenheizung im Wintergarten an die vorhandene Zentralheizung des Wohngebäudes wäre zum Beispiel optimal. Der Vorteil einer Fußbodenheizung besteht in der gleichmäßigen Wärmeabstrahlung in den Wohnwintergarten. Neben einer Warmwasser-Fußbodenheizung ist auch der Einbau einer elektrischen Fußbodenheizung möglich. Für eine gleichmäßige Wärmeabstrahlung ist ein Fliesenboden der ideale Fußboden.

Bei einer Beheizung des Wohnwintergartens über einen Kaminofen wird kein Anschluss an das Heizsystems des Wohngebäudes benötigt. Es sind jedoch ein Schornstein und eine Abnahme durch den Kaminkehrer erforderlich. Auch ein Lagerplatz für das Heizmaterial muss dann eingeplant werden.

Der Bodenaufbau sollte auf der Außenseite eine Entwässerungsrinne nach DIN EN 1433-A15 [14] vorsehen. Hierüber kann anfallendes Regenwasser kontrolliert abgeführt werden. Anschließender Oberflächenbelag ist unter Berücksichtigung nachträglicher Setzungen und Verdichtungen um ca. 5 mm höher als die Oberkante des Abdeckrostes bzw. des Kantenschutzes einzubringen.

Bild 59 Beispiel für eine Entwässerungsrinne vor dem Schiebetür-Ausgang

Der Übergang im unteren Sockelbereich mit dem Anschluss von den Fensterprofilen der Seiten- oder Frontwand zum Fundament benötigt eine fachgerechte Abdichtung. Diese muss der baulichen Situation angepasst und regendicht sein.

Der Sockelübergang zum Fensterbereich kann mit geeigneten diffusionsoffenen Kunststoffabdichtungsbahnen auf der Basis von Ethylen-Propylen-Dien-Kautschuk (EPDM) nach DIN EN 13984 [15] mit fachgerechter und systemkonformer Klebung erfolgen.

Bild 60 Sockelübergang zum Fensterbereich mit Kunststoffabdichtungsbahnen

Die Abdichtungsebenen werden durch unterschiedliche Verblechungen abgedeckt. Bild 61 zeigt links eine systemkonforme Verblechung, die der Wintergartenkonstruktion angepasst ist, rechts eine handwerklich angefertigte Zink-Verblechung. Beide Beispiele lassen einen augenscheinlich dichten Schutzbereich für die Wetterschutzebene erkennen. Für einen kontrollierten Wasserablauf fehlt jedoch in beiden Beispielen eine angepasste Wasserablaufrinne am Fundamentsockel.

Bild 61 Beispiele für Verblechungen im unteren Sockelbereich

Eine vorgesetzte Klinkerschicht im Sockelbereich kann den Einbau einer angepassten Aluminium-Fensterbank ermöglichen (Bild 62). In dieser Ausführung entsteht ein bauangepasster Zustand.

Bild 62 Vorsatzklinker im Sockelbereich abgedeckt mit Aluminimum-Fensterbank

Beim Sommergarten ist ein ungedämmter Boden ausreichend. Dieser kann aus einem Belag mit Gartenplatten oder einem geeigneten, witterungsbeständigen Holzboden bestehen. Die Pfosten oder Säulen der jeweiligen Konstruktion des Sommergartens müssen standfest mit einem tragfähigen Boden, zum Beispiel mit einem systemkonformen Befestigungsschuh befestigt werden. Wo dies nicht möglich ist, sind Punktfundamente für die Befestigung der Säulen erforderlich.

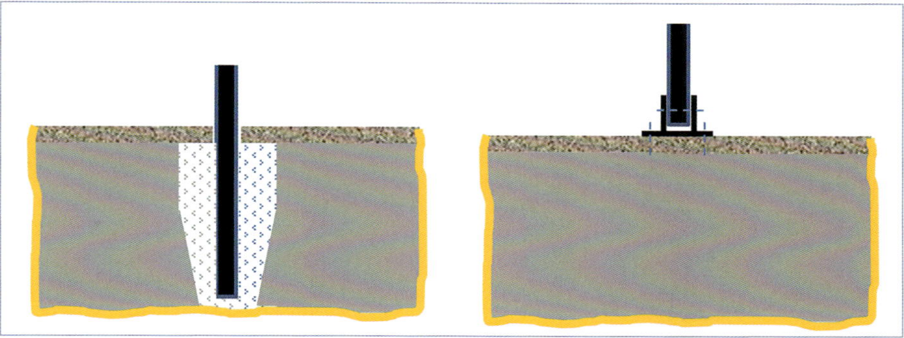

Bild 63 Schematische Darstellung der Säulenbefestigung mit Punktfundament oder Befestigungsschuh

11-2 Sparrenanschlüsse beim Glasdach

Je nach Kundenwunsch kann das Tragsystem des Wintergartens oder Sommergartens mit Glasdach aus systemkonformen Aluminiumprofilen, zimmermannsgefertigten Holzprofilen oder handelsüblichen Stahlprofilen bestehen. Für die Kopplungen der Sparren mit der Firsttraufe und gegenüber, vom Sparren mit der Traufe, werden materialabhängige Konstruktions-Verbindungen eingesetzt. Diese bestehen aus systemkonformen Verbindungen oder handwerklich bekannten und angepassten Verbindungen. Die Standsicherheit und die dichte Verbindung der Sparren zu den Traufen ist Voraussetzung für die Sicherstellung der Dichtebenen mit den darüberliegenden Pressleisten.

Bild 64 Beispiele für materialabhängige konstruktive Verbindungen von Sparren und Traufen aus Stahlträgern (a), Holz (b), Aluminiumprofilen (c) und Stahl-Hohlprofil (d)

Wintergartenkonstruktionen in Holzausführungen können individuell gestaltet werden. Bild 65 Zeigt einen Übergang von den Sparren zur tragenden Traufe in Holzausführung mit Lasurbeschichtung.

Bild 65 Sparrenanschluss zur Traufe bei einem exklusiven Wintergarten in Holzkonstruktion

Eine Wintergartenkonstruktionen aus beschichteten Aluminiumprofilen, die von handelsüblichen Systemen abweichen und in handwerklicher Ausführung aus Einzelprofilen hergestellt wurden, ist in Bild 66 zu sehen. Die Ausführung ist an die örtliche Bausituation angepasst.

Bild 66 Wintergartenkonstruktion mit Anpassung an die örtliche Bausituation

11-3 Die Traufe mit der Dachrinne

Das Tragprofil im Übergang zwischen der Schrägverglasung (Dachverglasung) und der darunterliegenden senkrechten Verglasungen nennt man Traufe oder Pfette. Die Traufe überspannt die Öffnung der Frontseite des Wintergartens und muss die Dachlasten aufnehmen. Die Dimensionierung und Formgebung einer Traufe aus Holz- oder aus Metallprofilen richtet sich nach den Vorgaben der statischen Berechnungen. An der Traufe werden die Sparren befestigt.

Die Traufe ist in Verbindung mit der Dachverglasung so auszubilden, dass anfallendes Regenwasser sofort abgeleitet werden kann und von einer Dachrinne aufgefangen wird. Die Dachverglasung mit einem Stufenglas deckt den Traufenbereich ab. Dadurch wird sowohl der Schutz der Traufe als auch eine gesicherte Entwässerung der Glasdachflächen in die Dachrinne gewährleistet. Ein Wasserrückstau auf der Glasdachfläche wird weitgehend vermieden.

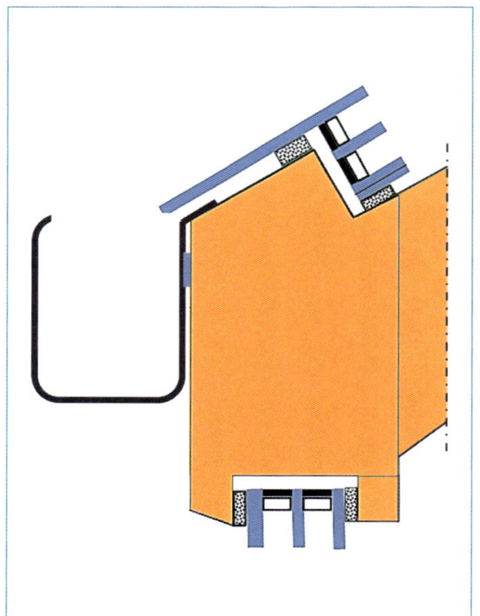

Bild 67 Prinzip-Darstellung einer Traufe in Holzkonstruktion mit Stufenverglasung; das rechte Bild zeigt eine typische Stufenverglasung, bei der sich Laub in der Dachrinne gesammelt hat.

Schmutzablagerungen an der freien Glaskante sind im Laufe der Nutzung nicht zu vermeiden und sind im Rahmen der Wartung zu entfernen.

Bild 68 An der freien Glaskante bilden sich im Laufe der Zeit Schmutzablagerungen

Die Traufe ohne Stufenglas benötigt eine angepasste Verblechung. Dadurch entsteht im Übergang zur Glasfläche der Dachverglasung ein kleiner Wasserstau. Die Verblechung kann unmittelbar in die Dachrinne geführt werden.

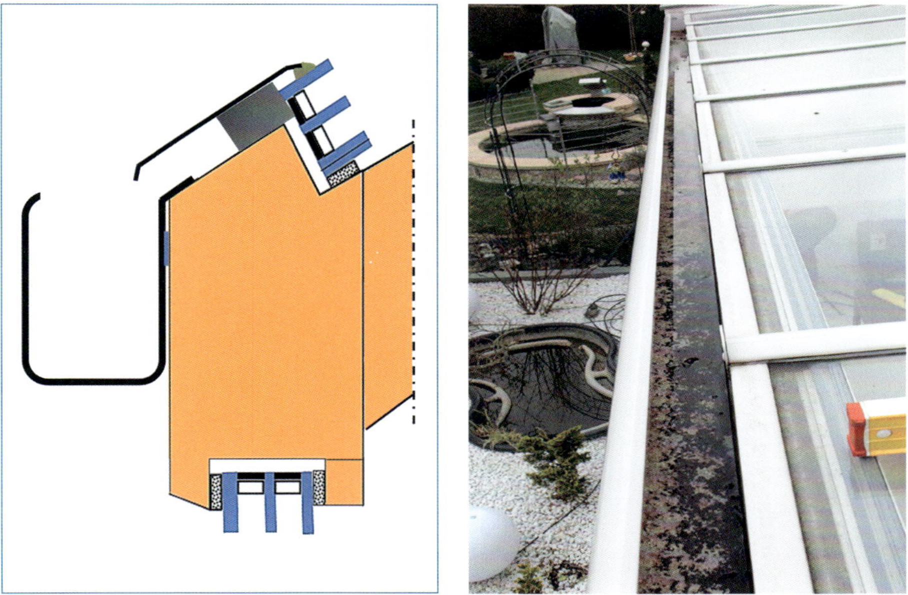

Bild 69 Prinzip-Darstellung einer Traufe mit Verblechung; das rechte Bild zeigt den Übergang mit Anschluss an eine Dachrinne

Bauliche Anlagen wie Winter- oder Sommergärten sind so zu errichten, dass die einwandfreie Beseitigung des Niederschlagswassers über die Dachrinne gesichert ist. Die Bemessung der Dachrinne hängt von der Regenmenge, der Schrägglasfläche, der Dachneigung und einem Abflussbeiwert ab. Die Bemessung und das

Gefälle der Dachrinne wird in der Norm DIN EN 612 »Hängedachrinnen« [16] geregelt. Diese DIN-Norm berücksichtigt das Längsgefälle mit 1 bis 3 mm pro Meter Dachrinne. Legt man optische Ansprüche zugrunde, dann sollte eine Dachrinne waagerecht angebracht werden. Es ist also nicht notwendig, die Dachrinne in einem bestimmten Gefälle zu montieren. Diesen optischen Aspekten gibt die geltende DIN-Vorschrift Recht. Stehendes Wasser in der Dachrinne ist nicht zu vermeiden. Der Wasserablauf aus der Dachrinne erfolgt über ein Ablaufrohr in das angeschlossene Abwassernetz oder zur kontrollierten Sammlung in eine Regentonne für die Pflanzenbewässerung.

Bild 70 Sommergarten und Wintergarten mit Dachrinne und Fallrohr

Dachrinnen können im Winter mit einem Frostschutzkabel mit einer Heizleistung von ca. 20 Watt pro Meter eisfrei gehalten werden. Das Frostschutzkabel hat die Funktion einer Dachrinnenheizung und kann die Dachrinne vor Frostschäden schützen.

Bild 71 Dachrinne mit eingelegtem Frostschutzkabel

11-4 Die Dachverglasung

Die Besonderheit des Winter- und Sommergartens ist das Dach mit großflächigen Glasflächen. Da sich unter dem Glasdach Personen aufhalten sollen, handelt es sich fachsprachlich um Überkopfverglasungen oder, was gleichbedeutend ist, Horizontalverglasungen. Bei diesen Verglasungen sind besondere Maßnahmen zur Verhütung von Verletzungen durch Glasbruch notwendig, wenn sich darunter Verkehrsflächen oder Aufenthaltsräume von Personen liegen. Um mögliche Gefährdungen bei Glasbruch zu vermeiden, müssen bei der Planung, Herstellung und dem Betrieb von Wintergärten sicherheitstechnische Mindestanforderungen beachtet werden. Die Belastungen der Überkopfverglasung sind vielfältig, wie die Grafik zeigt (Bild 72).

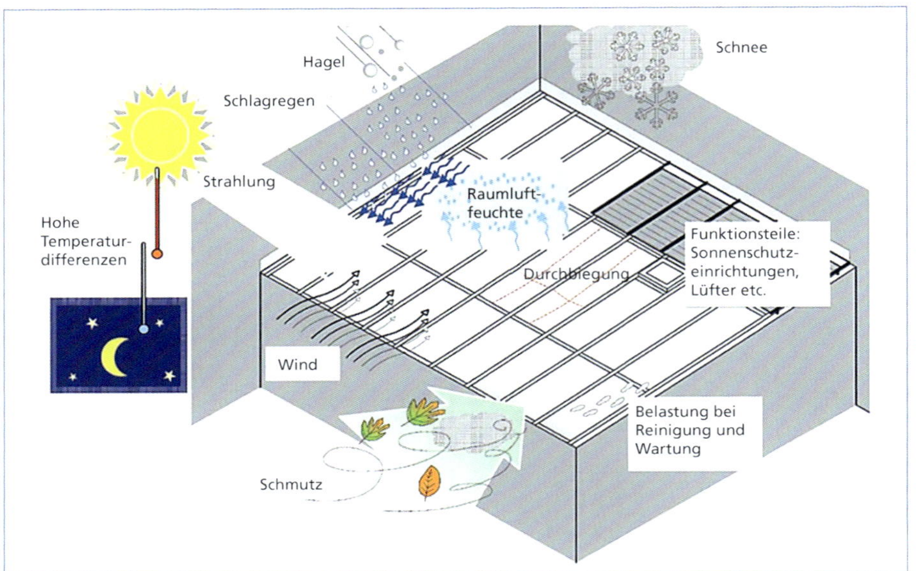

Bild 72 Belastungen bei Überkopfverglasungen aus [40]

Überkopfverglasungen müssen Belastungen durch Wind, Schnee und Eigenlasten sicher standhalten. Die Sicherstellung der ausreichenden Tragfähigkeit erfolgt auf der Grundlage des Nachweises der maximalen Hauptzugspannungen an der Glasoberfläche entsprechend der Vorgabe der DIN 18008-2 [11]. Alle Lastfallkombinationen müssen untersucht werden, weil aufgrund des Einflusses der Einwirkungsdauer auf die Festigkeit Einwirkungskombinationen maßgebend sein können. Bei der Glasbemessung müssen Rechenmodelle angewendet werden, welche die statisch-konstruktiven Verhältnisse der Glaselemente auf der sicheren Seite erfassen. Sieht die Konstruktion der Überkopfverglasung ein Stufenglas vor, das vierseitig gelagert ist, aber im vorderen Traufenbereich keine Halterung durch eine Pressleiste hat, liegt für die Dimensionierung der Glasbemessung eine zweiseitige Lagerung vor.

Wintergartenkonstruktionen, bei denen der Randverbund des Mehrscheiben-Isolierglases direkter UV-Bestrahlung ausgesetzt ist, muss gegen UV-Einwirkung geschützt werden. Ein UV-beständiger Randverbund ist nur unter Verwendung von speziellen Silikon-Dichtstoffen möglich. Alternativ kann der Bereich des Randverbundes durch einen entsprechenden Emaille-Streifen auf der Außenseite der Außenscheibe geschützt werden.

Für Überkopfverglasungen gilt nach DIN 18008-1 [10], dass für Einfachverglasungen bzw. die untere Scheibe von Isolierverglasungen zum Schutz von Verkehrsflächen nur Verbundsicherheitsglas (VSG) nach DIN EN ISO 12543-1 [17] aus Floatglas nach DIN EN 572-1 [18] oder VSG aus teilvorgespanntem Glas (TVG) [19] verwendet werden darf. Die Nenndicke der Zwischenfolie von VSG muss mindestens 0,76 mm betragen. Dies entspricht einer Doppelfolie mit standardmäßiger Dicke von 0,38 mm. Bei der Überkopfverglasung mit VSG entsteht bei Glasbruch eine am Glas anhaftende Splitterbindung. Bei einem unplanmäßigen Glasbruch fallen keine Glassplitter herunter, damit Verletzungen von Personen weitgehend vermieden werden. Die untere Scheibe muss im Versagensfall die Lasten der oberen Scheibe aufnehmen. Um eine hohe Temperaturwechselbeständigkeit und einer Sicherheit gegen Hageleinwirkung zu gewährleisten, wird die außenseitige Glasscheibe der Überkopfverglasung üblicherweise aus Einscheiben-Sicherheitsglas nach DIN EN 14179-1 [20] gefertigt. Für das Glasdach im Wintergarten oder das Terrassendach ist heißgelagertes Einscheiben-Sicherheitsglas ESG-H nach DIN 12150 [21] zu verwenden. Der Nachweis für den Glasaufbau von Überkopfverglasungen beim Wintergarten oder Sommergarten ergibt sich aus den Vorgaben der statischen Berechnung.

Für die außenseitige Glasscheibe in Position 1 kann zum Beispiel eine selbstreinigende Oberfläche aus Einscheiben-Sicherheitsglas ESG gewählt werden. Das selbstreinigende Glas hat auf der Glasaußenseite eine unsichtbare Beschichtung auf Titandioxid-Basis. Durch den UV-Anteil des Tageslichts wird in der Beschichtung eine photokatalytische Reaktion in Gang gesetzt, die organische Verschmutzungen vom Glas löst. Aufgrund der hydrophilen (Wasser anziehenden) Eigenschaft der Beschichtung breitet sich Regenwasser als Film auf der Glasoberfläche aus, wodurch die gelösten Schmutzpartikel entfernt werden. Die äußeren Glasflächen vom Wintergartendach oder Terrassendach können mit selbstreinigendem Glas ausgestattet werden. Die Selbstreinigung der Glasdachflächen übernehmen dann Sonne und Regen. Eine ergänzende Erläuterung zur Wirkungsweise schmutzabweisender Oberflächen auf Glas und von Glas mit Selbstreinigungsverhalten findet sich in [39].

Aufgrund der wärmetechnischen Vorgaben für den Wintergarten ist der Einbau von Dreifach-Mehrscheiben-Isolierglas erforderlich. Der Aufbau des Mehrscheiben-Isolierglases und die Lage der Beschichtung von außen nach innen zeigt Bild 73.

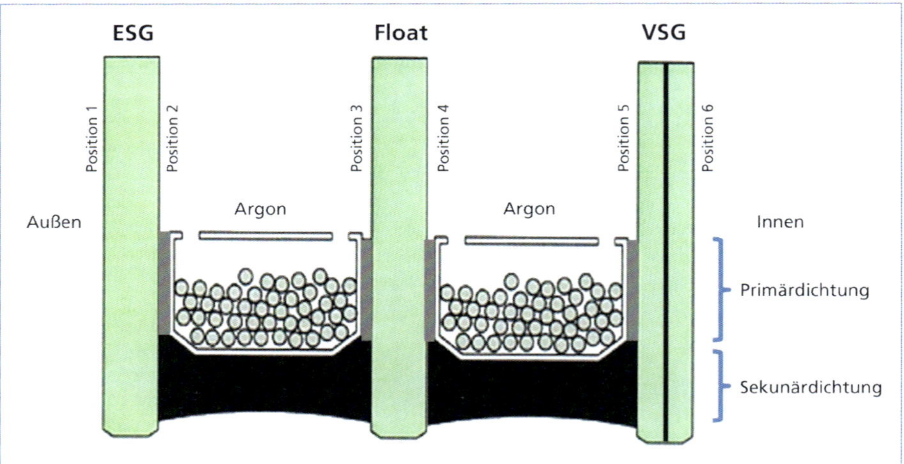

Bild 73 Prinzip-Darstellungen vom Dreifach-Mehrscheiben-Isolierglas mit Lage der Glas-Positionen

Die Sicherstellung der hermetischen Dichtheit des Mehrscheiben-Isolierglases wird durch die zweistufige Randabdichtung erzeugt. Der Abstand zwischen den Glasscheiben und dem Scheibenzwischenraum SZR entsteht durch den Abstandhalter. Zur Minimierung der Wärmebrücke wird ein Edelstahl-Abstandhalter oder ein modifizierter Kunststoff-Abstandhalter eingesetzt. Auf diese Weise entsteht für den Randverbund des Mehrscheiben-Isolierglases ein thermisch verbesserter Abstandhalter.

Die Primärdichtung besteht aus einer dünnen Schichtdicke von PIB (Polyisobutylen), mit beidseitigem Auftrag auf dem Abstandhalter. Diese bildet mit einer sehr hohen Dampfdiffusionsdichte eine Feuchtesperre. Die Sekundärdichtung besteht auf der Basis von PS (Polysulfid), PU (Polyurethan) oder Si (Silikon). Diese Basisdichtstoffe sind entsprechend modifiziert und bilden den elastoplastischen Verbund zum Zusammenhalten der Glasscheiben.

Eine Überkopfverglasung beim Winter- und beim Sommergarten benötigt eine statisch sichere Auflagerkonstruktion aus Sparren, Traufe und Firsttraufe aus Metall oder Holz. Außerdem muss die Anbindung der Tragkonstruktion an den Baukörper mit geeigneten und nachgewiesenen Befestigungsmitteln eine standsichere Ausführung ermöglichen. Für die Glaslagerung eignen sich Sparrenkonstruktionen aus Holz oder Metall mit außen liegenden Aluminiumverkleidungen über eine Pressleisten-Verglasung.

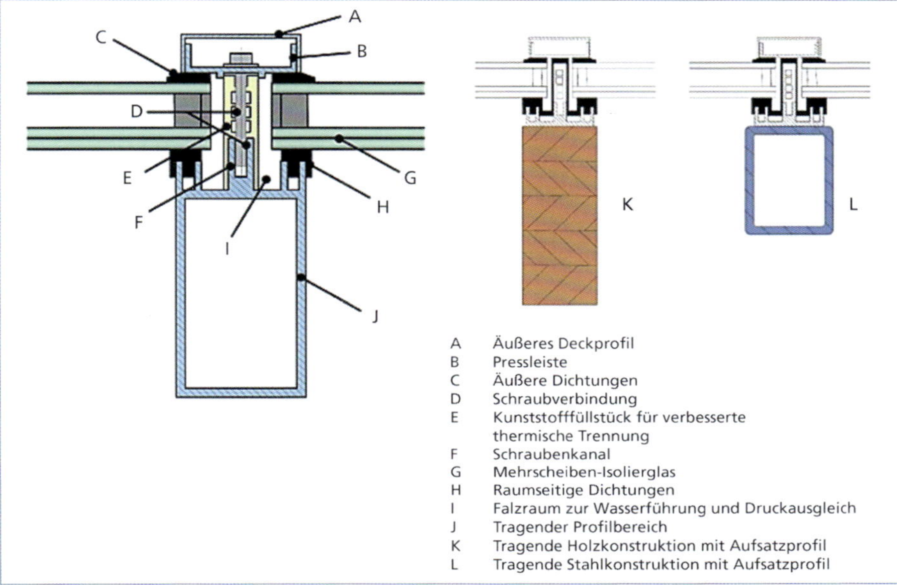

Bild 74 Sparren mit Auflager für die Glaslagerung und Verglasung; aus [40]

Der Abstand der Sparren zur Aufnahme der Isolierglasscheiben liegt in einem Standardbereich von ca. 700 mm bis 850 mm. Die Dimensionierung der Sparren ergibt sich aus der Flächenbelastung der Glasfelder. Die Befestigung der Sparren an Traufe und Firsttraufe muss eine dichte und tragfähige Verbindung erzeugen.

Bild 75 Überkopfverglasung mit Sparren aus Holz

Zur Dachneigung der Überkopfverglasung existieren keine verbindlichen Vorgaben. Damit sind Überkopfverglasungen in unterschiedlichen Neigungen möglich. Einige Systemanbieter begrenzen die Anwendung der Dachneigung auf 10°, andere

Systemgeber bis 5°. Durch die Schräglage der Glaselemente kann Wasser abfließen und die Belastungen auf die erforderlichen Abdichtungen der Wetterfugen oder der Pressleisten-Abdichtung reduziert werden. Bei geringer Dachneigung reduzieren sich die Selbstreinigung der Glasflächen und die Gefahr von Wassereintritt über Abdichtungsebenen durch stehendes Wasser auf den Glasflächen.

Bei den Verglasungen von Winter- oder Sommergärten kann die Glasabdichtung auf der Außenseite über sogenannte Andruckprofile erfolgen. Die Andruckprofile werden in der Metallbaubranche auch als Pressleisten bezeichnet und sind in zweiteiliger oder einteiliger Ausführung anwendbar. Mit dieser Verglasungsart entsteht im Glasfalz eine Trennung zwischen dem systemvorgegebenen Holz- oder Aluminium-Tragprofil auf der Raumseite und der außenseitigen Pressleiste. Über eine Schraube wird die Pressleiste mit den Dichtprofilen über den Eingriff in den Schraubkanal befestigt (Bild 76). Die eingedrehte Schraube erzeugt den Anpressdruck der Pressleiste über die Dichtprofile auf den Glasflächen. Das Pressleistensystem für die Dachverglasung beim Wintergarten oder Sommergarten hat sich bewährt (Bild 76).

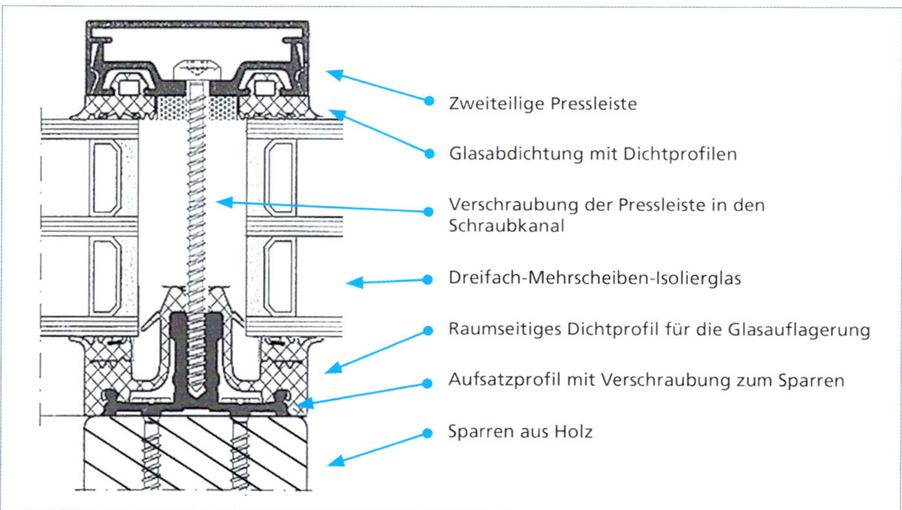

Bild 76 Verglasungsaufbau mit einer zweiteiligen Pressleistenabdichtung

Für die Gebrauchstauglichkeit einer Überkopfverglasung gilt die DIN 18361 [22]. Dort heißt es in Abschnitt 3.1.1 allgemein: *»3.1.4 »Raumabschließende Verglasungen müssen regendicht sein und die planmäßigen Lasten aufnehmen.«* Dabei wird keine Unterscheidung in Vertikal- oder Horizontalverglasung getroffen.

Bild 77 Glasabdichtungen der Überkopfverglasung mit einteiligen Pressleisten

Die Funktionsweise der Überkopfverglasung orientiert sich an den Grundzügen für die Glasfalzausbildung. Die Belüftung des Glasfalzes und die Leckage-Ableitung aus dem Glasfalz sind für die Sicherstellung der Gebrauchstauglichkeit des Mehrscheiben-Isolierglases auch bei Überkopfverglasungen erforderlich. Die Leckage-Ableitung erfolgt in der zweiten Dichtungsebene über die Querriegel in den Sparren mit Austritt zur Dachrinne. Eventuell vorhandenes Wasser im Glasfalz wird am überlappend ausgebildeten Stoßpunkt vom Querriegel in den Falzraum des Sparrens übergeben und am Fußpunkt nach außen abgeleitet (Bild 78). Die Glasfalzbelüftung nutzt die Kaminwirkung aus und benötigt hierzu freie Querschnitte im Glasfalz.

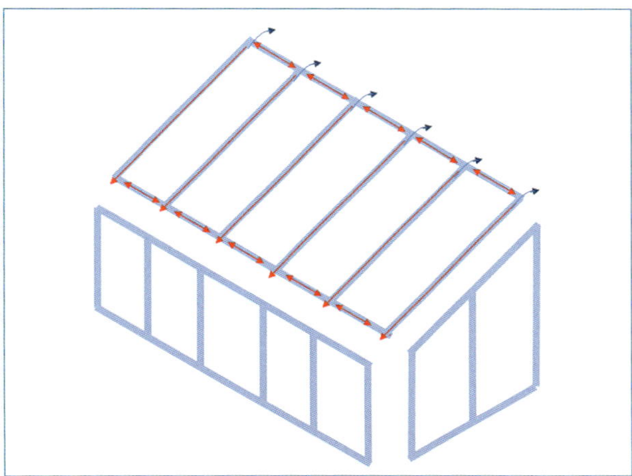

Bild 78 Funktionsprinzipien der Glasfalzbelüftung bei Überkopfverglasung

Ein nach außen druckentspannter Glasfalz ist Grundvoraussetzung für eine innenseitig wasserdichte Überkopfverglasung. Da in der Regel die Außenluft einen geringeren Wasserdampfteildruck hat als die Raumluft, müssen die Öffnungen nach außen geführt werden (Bild 79, Bild 80). Die Öffnungen müssen außenseitig möglichst vor direkter Schlagregeneinwirkung geschützt sein.

Blick in den Glasfalz bei einer typischen Verglasung mit Pressleisten einer Dachverglasung mit Stufenglas. Der Glasfalz ist zur Belüftung und Entwässerung nach außen geöffnet.

Bild 79 Beispiel für die Glasfalzöffnung beim Stufenglas

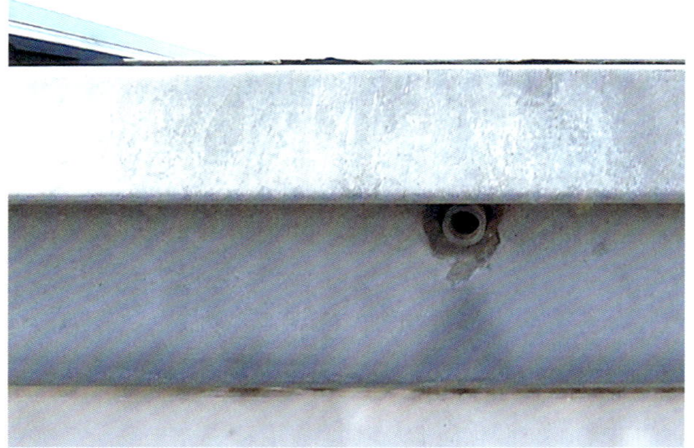

Manche Dachverglasungen mit Pressleisten benötigen zur Belüftung und Entwässerung konstruktionsbedingt den Einbau eines Röhrchens.

Bild 80 Glasfalzöffnung der Dachverglasung mit Röhrchen

Für eine funktionsfähige Überkopfverglasung muss die zweite raumseitige Dichtebene einen rundum dichten Abschluss bilden. Die Stoßstellen der raumseitigen Dichtprofile sind nach Systemvorgaben dicht auszubilden. Durchdringungen des inneren Dichtsystems sind so weit wie möglich zu vermeiden, da diese immer eine potenzielle Schwachstelle in der raumseitigen Dichtebene bilden.

Bei großflächigen Dachverglasungen sind Teilungen der Glasflächen erforderlich (Bild 81). Der Stoßbereich der beiden Mehrscheiben-Isoliergläser kann mit systemkonformen Pressleisten mit geringer Bauhöhe gebildet werden. Mit der querverlaufenden Pressleiste entsteht bei Regenereignissen auf der Außenseite ein geringfügiger Wasserstau.

Bild 81 Stoßbereich von Mehrscheiben-Isoliergläsern mit Pressleisten-Verglasung

Winter- und Sommergärten mit Glasdach haben auf der Außenseite des Glasdaches eine Aufdachmarkise (Bild 82, Bild 83). Die Aufdachmarkise benötigt Systemhalter, die mit Schrauben durch die Pressleiste in den Schraubkanal befestigt werden. Um die Stabilität der Halterung und des Glasdaches nicht zu überlasten, muss die Aufdachmarkise bei entsprechenden Windverhältnissen nach Vorgabe des Systemgebers in Parkstellung eingefahren werden. Ein automatisches Einfahren kann über einen Windwächter sichergestellt werden.

Bild 82 Führungsschiene der Aufdachmarkise

Bild 83 Halterung der Aufdachmarkise

Bei Unterdachmarkisen werden die Halterungen für die Führungsprofile an den vorhandenen Sparren befestigt. Das Gewicht der Unterdachmarkisen ist über die Befestigungen an den Sparren sicher abzuleiten (Bild 84). Entsprechende Befestigungselemente sind Bestandteil des Systems der Unterdachmarkise.

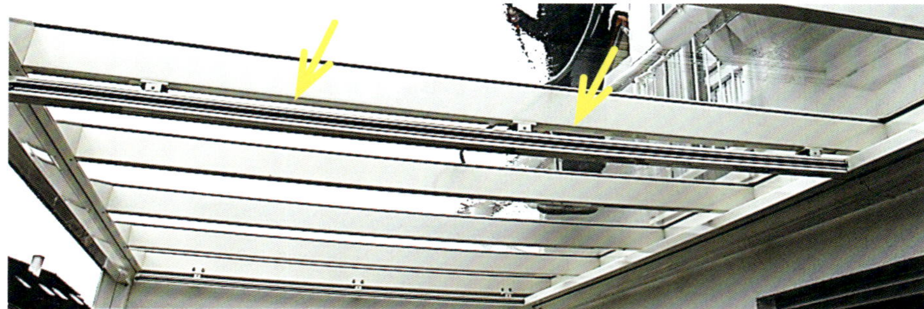

Bild 84 Befestigungs- und Führungsschienen der Unterdachmarkise zum Sparren

11-5 Die Seitenwände

Meistens sind in den Seitenteilen des Wintergartens zum Endsparren trapezförmige Festverglasungen eingebaut (Bild 85). Diese Elemente bilden mit den darunterliegenden Verglasungen eine geschlossene Glasfront.

Bild 85 Seitenteil mit trapezförmigen Festverglasungen im oberen Bereich

Die Gestaltung der Seitenwand kann nach individuellen Wünschen erfolgen. Im Beispiel in Bild 86 ist neben Festverglasungen ein übliches Drehkipp-Fenster in der Mitte der Seitenwand eingebaut. Der untere Bereich besteht aus Paneelfeldern mit Aluminiumbeplankung, die farblich den Profilen entsprechen.

Bild 86 Seitenwand des Wintergartens mit einem Drehkipp-Fenster und Paneelfelder

In der Seitenwand des Wintergartens ist auch der Einbau eines angepassten trapezförmigen Kippflügels für eine Belüftung möglich (Bild 87). Die Öffnungsfunktion kann manuell und mechanisch über einen Schubstangen-Griff oder über einen elektromotorischen Antrieb mit Kettenmotor erfolgen. Hierbei kann der Kippflügel für die Belüftung über einen Temperaturfühler automatisch geöffnet und geschlossen werden.

Bild 87 Beispiele für Kippflügel: mit elektromotorischem Antrieb (links) und mit manueller Bedienungsfunktion über eine Schubstange (rechts)

Zwischen den statischen Tragpfosten können in den Seitenwänden und in der Vorderfront Fenster- oder Festverglasungen eingebaut werden. Fenster- und Türelemente dürfen keine Lasten aus dem Tragsystem aufnehmen, sondern sind nur ausfachende Elemente.

11-6 Die Türen zum Garten

Für den Ausgang vom Wintergarten in den Garten werden Türelemente benötigt, die in der Vorderfront aber auch im Seitenteil installiert sind. Die Öffnungsmöglichkeiten unterscheiden sich je nach System. Zur Sicherstellung der Gebrauchstauglichkeit müssen Türen gegen Regen und Wind dicht sein. Der Nachweis der Schlagregendichtheit und der Luftdurchlässigkeit erfolgt nach Vorgaben der DIN EN 14351-1 [23]. Je nach Türgröße entstehen hohe Glasgewichte, die den Einsatz von Beschlägen mit ausreichender Tragkraft erforderlich machen.

Im Rahmen der Planung für den Ausgang des Wintergartens zum Garten entsteht oft die Frage nach der Barrierefreiheit. Der Türausgang wird vielfach mit bodentiefen Schwellen ausgeführt, sodass keine Stolperstellen entstehen. Hierzu soll nach DIN 18040 [24] der untere Türanschlag nicht mehr als 2 cm und, nach einer neueren Entwurfsfassung, nur noch 1 cm hoch sein. Obwohl verschiedene Systemgeber konstruktive Lösungen von niveaugleichen oder schwellenlosen Übergängen anbieten, ist bei diesen Konstruktionen die Dichtheit gegen Wind und Regen kritisch zu hinterfragen. Die Dichtwirkung im unteren Türanschlag ist wesentlich von der gewählten Dichtung, der Lage im Profil und der Bodenschwelle abhängig. Mit dem schwellenlosen Übergang sind Nachteile in der Dichtheit gegen Wind und Regen nicht zu vermeiden. Ein Nachweis des Systemanbieters zur Dichtheit ist empfehlenswert.

Zur Vermeidung von eindringendem Regen-, Spritz- oder Stauwasser sind außenseitig vorgesetzte Entwässerungsrinnen einzuplanen. Über die Rinnen kann anfallendes Wasser kontrolliert abgeführt und die Dichtebene der Türen vor Wassereintritt entlastet werden.

Bild 88 Ausführung eines unteren Anschlusses mit bodentiefer Schwelle und vorgesetzter Entwässerungsrinne

Türelemente für den Wintergarten sind Drehtüren, Hebeschiebetüren oder Faltschiebewände (Bild 89).

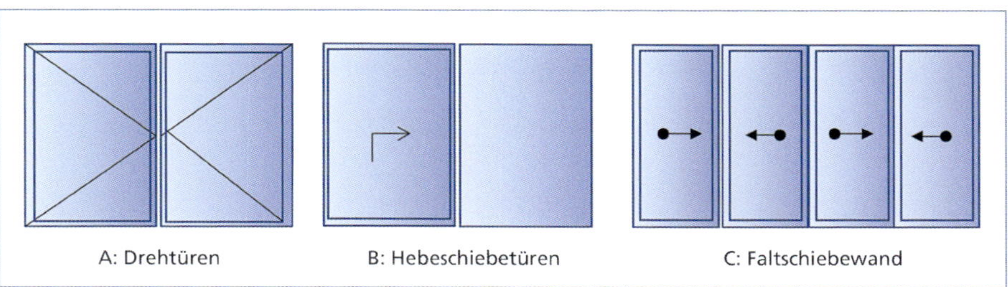

Bild 89 Türen im Wintergarten

Die Türen dienen im geschlossenen Zustand als Wind- und Regenschutz. Sie haben aber auch die Aufgabe, für die Belüftung des Wintergartens zu sorgen. Bei geöffneten Türen und geöffneten oberen Kippfenstern in den Seitenwänden entsteht eine wirksame thermische Belüftung des Wintergartens.

A – Drehtüren: Der Ausgang aus dem Wintergarten zum Garten kann durch eine zweiflügelige Drehtür erfolgen. Die Rahmenprofile haben Dichtungen im Flügel- und Blendrahmen. Damit wird im geschlossenen Zustand eine hohe Dichtheit erreicht. Beim Öffnen der Drehtür entsteht ein großer Nachteil, da sich der Flügel in den Innenraum des Wintergartens dreht und hierfür freier Platz benötigt wird.

Somit reduzieren sich die Stellflächen im Wintergarten und es können Nutzungseinschränkungen entstehen.

Bild 90 Wintergarten mit Drehtür

B – Hebeschiebetüren: Häufig wird für den Ausgang zum Garten eine Hebeschiebetür an einer Seitenwand oder in der Vorderfront gewählt. Bei einer Hebeschiebetür entsteht im Raumbereich kein Platzverlust, da sich diese seitlich wegschieben lässt. Die Größe der Schiebeflügel bestimmt den Öffnungsbereich.

Bild 91 Wintergarten mit Schiebetüren

C – Faltschiebewand: Eine mehrteilige Faltschiebewand öffnet den Wintergarten großflächig und ermöglicht ebenfalls einen Zutritt zum Garten. Bei Sonneneinstrahlung kann die Faltschiebewand vollständig geöffnet werden, sodass aus dem Wintergarten quasi ein Sommergarten entsteht. Die Flügel der Faltschiebewand sind miteinander gekoppelt. Geöffnet wird die Faltschiebewand durch das Wegschieben des außenseitigen Flügels, der durch weiteres Schieben die nächsten Flügel öffnet. Wenn alle Flügel geöffnet sind, bilden die aneinander gekoppelten Flügel an einer Pfostenecke des Wintergartens ein Paket.

Bild 92 Öffnen der Flügel der Faltschiebewand

Faltschiebetüren haben für die Abdichtung zwischen Rahmen und Türflügel Bürstendichtungen. Diese sind erforderlich, um die Schiebe- und Drehbewegung beim Öffnen der gekoppelten Türflügel zu ermöglichen. Bei geschlossenen Faltschiebetüren sind Bürstendichtungen teilweise luftdurchlässig und können die Grenzen der Luftdurchlässigkeit für Türen und Fenster nach DIN EN 12207 [25] nur bedingt erfüllen.

Bild 93 Bürstendichtungen im Gebrauch

Viele der genannten Austritts-Lösungen bestehen aus Konstruktionsarten, die im Fenster und Fassadenbereich bekannt und bewährt sind. Mit entsprechenden konstruktiven Änderungen und Anpassungen ist die Anwendung dieser Türarten auch im Wintergarten möglich.

11-7 Anschlussfugen

Mit dem Anbau des Wintergartens an die vorhandene Hauswand entstehen an drei Stellen Anschlussfugen: am oberen Anschluss der Firstpfette zum Baukörper, am Pfosten zur vorhandenen Mauerwand und am Fußpunkt vom Rahmenprofil zum Fundamentsockel. In diesen Anschlussfugen entstehen Bewegungen aus der Wintergartenkonstruktion gegenüber dem starren Wand- und Bodenanschluss. Neben der Aufnahme dieser Bewegungen muss die Anschlussfuge das Grundprinzip des Ebenenmodels [38] erfüllen.

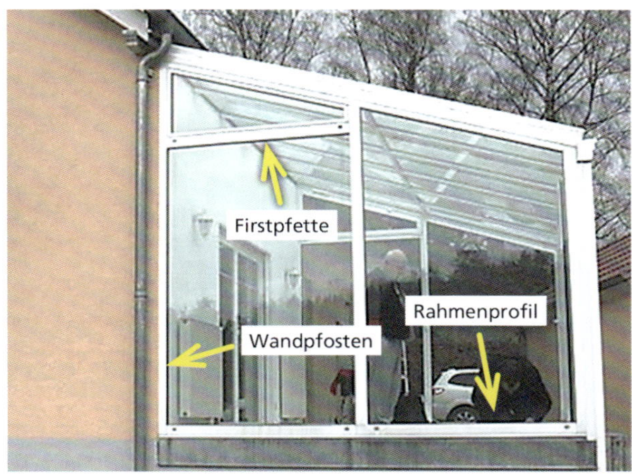

Bild 94 Lage der Anschlussfugen

Ebene 1: Ebene 1 befindet sich auf der Raumseite und ist umlaufend ohne Unterbrechungen. Sie bildet die Trennung von Raum- und Außenklima. In dieser Ebene befindet sich die raumseitige Abdichtung, die nach dem Gebäudeenergiegesetz (GEG) [1] luftdicht sein muss. Die gewählte Abdichtungsart muss den bauphysikalischen Diffussionsgrundsatz »innen dichter als außen« erfüllen. Bei einer Abdichtung mit Dichtstoffen ist eine Mindestfugenbreite von ca.10 mm vorzusehen. Zwingende Voraussetzung für die Abdichtung sind geeignete Fugenflanken, da Unebenheiten im Laibungsbereich keine fachgerechte Abdichtung zulassen.

Ebene 2: Die Ebene 2 bezeichnet man als Funktionsebene, in der sich zur Verbesserung der Wärmedämmung unter anderem auch die Fugendämmung befindet. Fugendämmstoffe oder PU-Schäume können keine Dichtfunktion übernehmen. Aus dem Begriff Fugendämmung geht indirekt hervor, dass der PU-Schaum keine Abdichtungsfunktion erfüllen kann, sondern dass die Füllung des Freiraums in der Anschlussfuge mit dem PU-Schaum die Wärmedämmung verbessern soll. In Ebene 2 befinden sich die fachgerechte Befestigung und die Lastabtragung über die richtige Lage der Auflager. Die Funktionsebene muss trocken bleiben und vom Raumklima getrennt werden.

Ebene 3: Ebene 3 bildet den Wetterschutz im äußeren Anschlussbereich zwischen dem Rahmen und dem Baukörper und gliedert sich in Wind- und Regensperre. Der äußere Anschluss in der Ebene 3 ist so auszubilden, dass kein Niederschlagswasser unkontrolliert in die Konstruktion eindringen kann.

Zur Verdeutlichung der Lage der drei Ebenen sind diese in Bild 95 in schematischen Darstellungen der Firsttraufe und des Wand- und Rahmenprofils dargestellt.

Beispiele für den Firsttraufen-Bereich

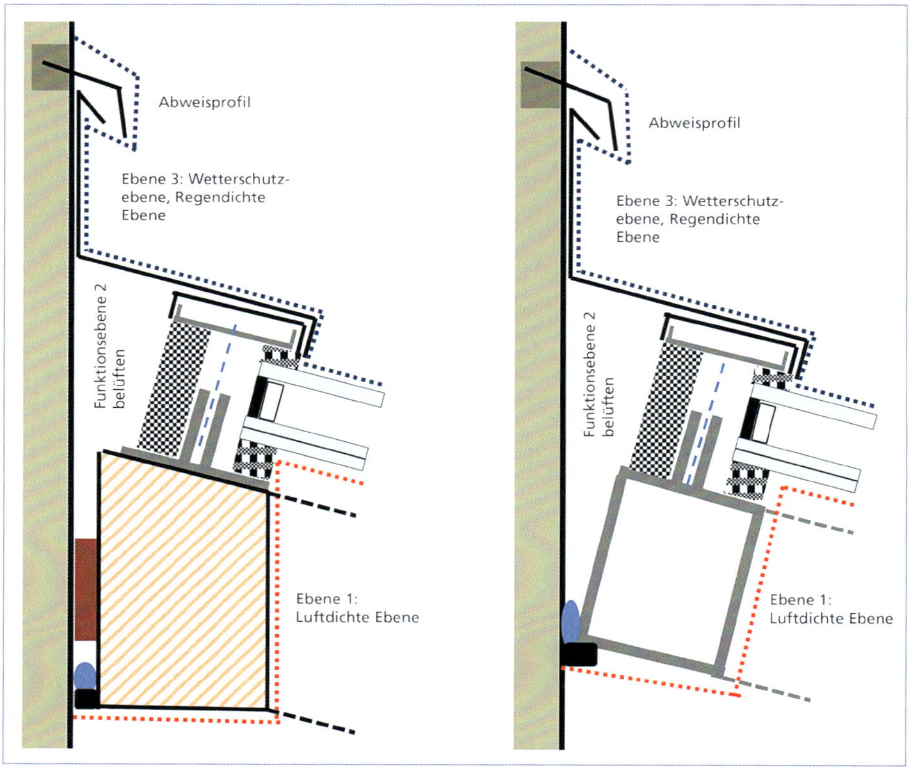

Bild 95 Schematische Darstellung der Lagen der Ebenen von einer Firsttraufe, links in Holz-Aluminium- und rechts in Aluminium-Konstruktion

Unabhängig vom Rahmenmaterial muss die Firsttraufe im Übergang zur angrenzenden Gebäudewand einen regendichten Abschluss haben. Die Abdichtungen werden von einer breiten, vorgezogenen Verblechung geschützt. Diese ist erforderlich, da bei abtauendem Schneebelag auf den Glasflächen eine zusätzliche drückende Wasserbelastung auf den Anschluss entsteht. Die Verblechung schützt vor der Regenbelastung sowie vor der Belastung durch Schneebelag. Hierbei muss die Vorgabe aus der DIN 18339 [26] beachtet werden. Dort steht in Abschnitt 3.1.8

*»Anschlüsse an höhergeführte Bauwerksteile sind bei einer Dachneigung bis **5°** (8,8 %) mindestens **150 mm,** bei einer Dachneigung über **5°** (8,8 %) mindestens **100 mm** über die Oberseite des Dachbelages hoch zu führen und regensicher zu verwahren.«*

Die Montage des oberen Abweisprofils in den Schlitz der Putzschicht ist aufgrund der örtlichen Bausituation nicht immer möglich. Alternativen bilden Wandanschlussprofile, die im Flachdachbereich verwendet werden, wie Bild 96 schematisch zeigt. Der Übergang von der Abkantung des Wandanschlussprofils muss einen Freiraum für eine Dichtstofffuge haben.

Bild 96 Abdichtungsausführung im Firsttraufen-Bereich mit einem Wandanschlussprofil

Der Freiraum in der Funktionsebene 2 ist durch Wärmedämmstoff zu füllen und ungefüllte Freiräume sind zu belüften. Mit diesen Maßnahmen wird der Wärmeübergang in der Anschlussfuge reduziert.

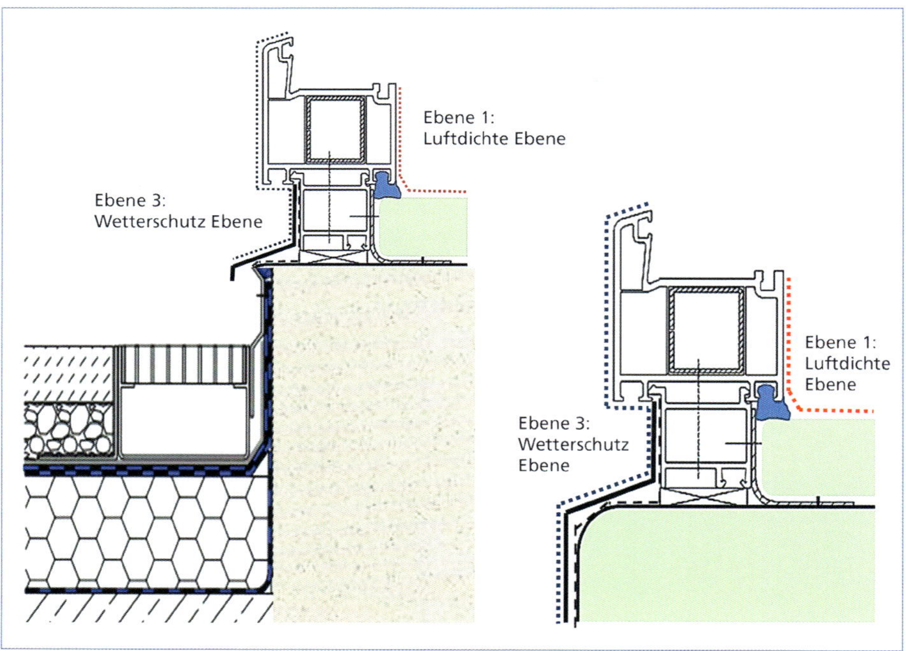

Bild 97 Beispiele für die Lage der Ebenen am unteren Anschluss

Der untere Bereich des Fensterelements der Seitenwände oder der Vorderfront sitzt auf dem Betonsockel über einem systemkonformen Verbreiterungsprofil. Der raumseitige Fußbodenaufbau schließt gegen einen raumseitigen Folienanschluss ab und hat eine Dichtstoffabdichtung zum Fensterprofil. Der luftdichte Abschluss in der Ebene 1 wird somit erreicht. Auf der Außenseite werden die Folienlagen zusätzlich durch angepasste Verblechungen abgedeckt. Die Wetterschutzebene 3 erhält über Verblechung und Folienbelag einen sicheren Regenschutz. Die außenseitige Regenrinne führt zu einer kontrollierten Wasserableitung über einen Drainage-Wasserablauf. Die Entwässerungsrinne benötigt einen angepassten Bodenaufbau, zur Stabilisierung der Lage.

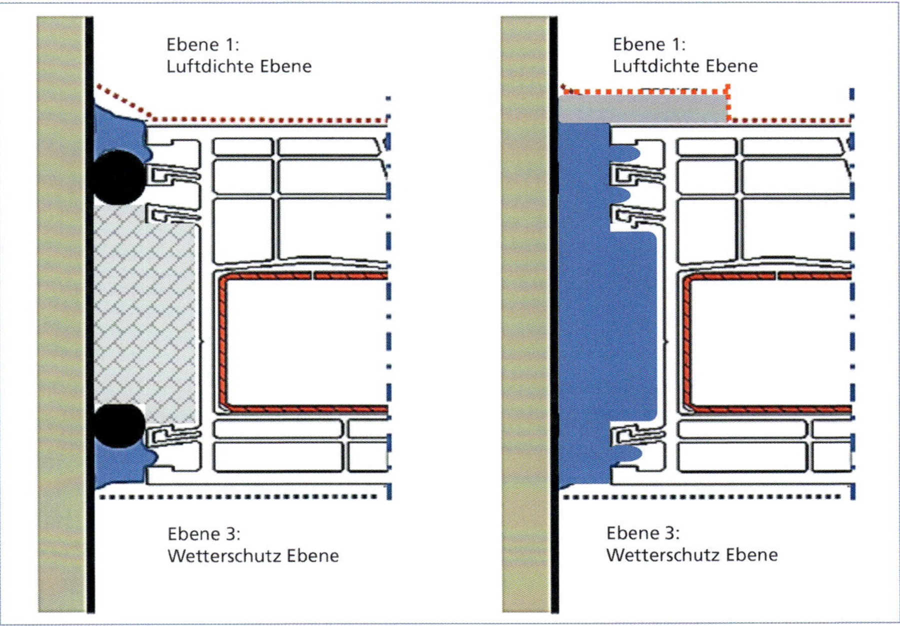

Bild 98 Beispiele für seitliche Anschlussfugen. Prinzip-Darstellung der Anschlussfuge zur Wand mit elastischem Dichtstoff (links) oder mit einem Multifunktionsband (rechts)

Bei der Ausfachung der Seitenelemente oder der Vorderfront mit Fensterelementen entstehen seitliche Anschlussfugen. Die Abdichtung der Anschlussfugen muss sich an den örtlichen Haftflächen und der Profilgeometrie der Einsatzelemente orientieren. Bei Rauputzschichten entsteht mit Dichtstoff keine funktionsgerechte Abdichtung. Die Abdichtung von Anschlussfugen mit Dichtstoffen benötigt ein systemkonformes Füllprofil in der bauseitigen Blendrahmenprofilierung, welches stramm in der Profilierung sitzen muss. Das runde Hinterfüllprofil ist ein extrudiertes geschlossenzelliges Polyethylen (PE) nach DIN 18540 [28], es begrenzt die Fugentiefe. Für die raumseitige Abdichtung bietet sich ein geeigneter Dichtstoff nach DIN EN 15651-1 [27] auf Silikonbasis an. Bei fachgerechter Ausführung wird die Anschlussfuge luftdicht abgeschlossen.

Anschlussfugen können auch mit einem Multifunktionsband ausgeführt werden. Hierbei sind die Herstellervorgaben exakt einzuhalten. Zusätzliche Abdeckung auf der Raumseite mit einer systemkonformen Kunststoffleiste ist erforderlich.

Bei Einsatzelementen aus Holz oder Aluminium entstehen gleichartige Anschlussfugen-Abdichtungen. Unabhängig von dieser Vorgabe können auch andere Abdichtungen der Anschlussfugen ausgeführt werden, wenn die Dichtfunktion damit gewährleistet werden kann.

11-8 Pflanzen im Wintergarten

Der Wohnwintergarten braucht neben einer passenden Möblierung auch geeignete Pflanzen zur Raumgestaltung. Mit Topf- und Kübelpflanzen sind variable und örtliche Platzierungen nach individuellen Vorstellungen möglich. Als Alternative zu beweglichen Kübelpflanzen können im Wintergarten auch stationäre Pflanzenbereiche eingerichtet werden. Hierfür muss der vorgesehene Platz schon in der Planung mit einer Aussparung im Fußboden berücksichtigt werden. Diese Aussparung kann mit Pflanzenerde gefüllt und mit großformatigen Stauden und Sträuchern bepflanzt werden (Bild 99).

Pflanzen im Wintergarten benötigen bestimmte technische Voraussetzungen. Der beheizte Wohnwintergarten bildet für die Pflanzen ein frostfreies Klima. Die Auswahl der geeigneten Pflanzen richtet sich nach den Vorstellungen des Nutzers, der örtlichen Lage im Wintergarten und dem manuellen Pflegeaufwand. Pflanzen mit großen Blättern können enorme Ausmaße erreichen, deshalb sind Pflanzen mit kleineren Blättern besser für einen Wintergarten mit begrenztem Platzangebot geeignet. Bei der Platzierung der Pflanzen ist zu beachten, dass ihr Wachstum von der Lichtdurchlässigkeit des Glases, der Umgebungstemperatur sowie der Versorgung mit Nährstoffen und Wasser abhängig ist. Die Pflanzen brauchen für die Photosynthese ausreichend Sonnenlicht, welches durch das Mehrscheiben-Isolierglas, auch mit den Beschichtungen, ausreichend gegeben ist. Pflanzen nutzen für die Photosynthese hauptsächlich das für das menschliche Auge sichtbare Spektrum des Sonnenlichts.

Gewächse im Wintergarten brauchen für ihre Entwicklung Wasser in unterschiedlichen Mengen. Mit automatisierten Bewässerungssystemen kann der Wasserhaushalt der Pflanzen planmäßig gesteuert werden. Pflanzen im Wintergarten bewirken eine Feuchtigkeitserhöhung des Luftvolumens. Das Klima im Wintergarten erfordert deshalb eine gesteuerte Luftfeuchtigkeitskontrolle, um die Bildung von Tauwasser an Verglasungen und Rahmenteilen zu verhindern. Zum Gedeihen der Pflanzen ist die Kontrolle über Thermometer und Hygrometer erforderlich. Ein optimales Klima für den Wintergarten liegt bei 20 °C bei 50 % Luftfeuchte. Dies lässt sich allein mit Beachtung des Grundsatzes »Heizen und Lüften« nicht immer erreichen.

Ein Absterben der Pflanzen ist in der Regel auf eine Überwässerung oder das Austrocknen von Blättern aufgrund zu hoher Temperaturen in Verbindung mit Lichtmangel zurückzuführen. Eine manuelle Pflanzenpflege ist für ein nachhaltiges Gedeihen der Pflanzen unumgänglich.

Zu den beliebtesten Topf- und Kübelpflanzen sowie Sträuchern, die sich in einem Wintergarten wohlfühlen, gehören neben Zitrusgewächsen verschiedene Bambusarten sowie blühende Stammpflanzen und Rankgewächse mit reichem Blattwerk, wie der Jasmin.

Bild 99 Stationärer Pflanzbereich im Fußboden mit großwüchsigen Pflanzen

Pflanzen sind bereichernde Bestandteile des Wintergartens. Die manuelle Pflege erfordert ein Verständnis für Pflanzen und idealerweise einen Bewohner mit einem »grünen Daumen«. Unter diesen Voraussetzungen gedeihen die Pflanzen im Wintergarten und erfreuen den Nutzer.

12 Die Bauabnahme

Nach der Fertigstellung des Wintergartens oder Sommergartens tritt ein wichtiger Vorgang ein, der für den Bauherrn (Auftraggeber) und den Ausführenden (Auftragnehmer) mit wesentlichen Entscheidungen verbunden ist: Die Abnahme des Wintergartens, des Sommergartens als Glasdach, Lamellendach oder als Pergolamarkise hat für den Bauherrn wie auch für den Auftragnehmer wesentliche rechtliche Folgen. Bei der Bauabnahme ist zu prüfen, ob die vereinbarte Leistung fachgerecht erbracht wurde und ohne Mangel ist.

Durch die Abnahme der Bauleistung entstehen vier wesentliche Rechtsfolgen:

- Erst mit der Abnahme hat der Auftragnehmer Anspruch auf Werklohnzahlung.
- Mit der Abnahme fängt die Gewährleistungsfrist an.
- Der Auftragnehmer gibt mit der Abnahme die Gefahrentragung an den Bauherrn ab.
- Die Beweislast für Mängel wechselt vom Auftragnehmer zum Bauherrn.

Eine förmliche Abnahme hat stattzufinden, wenn eine Vertragspartei dies verlangt. Der Auftragnehmer hat dem Auftraggeber den Abnahmetermin in Textform mitzuteilen. Der Befund der Abnahme ist in einer gemeinsamen Handlung schriftlich niederzulegen. In die Niederschrift sind etwaige Vorbehalte wegen bekannter Mängel aufzunehmen. Vorbehalte wegen erkannter Mängel hat der Auftraggeber spätestens innerhalb von 12 Werktagen nach Verlangen des Auftraggebers zur Abnahme geltend zu machen.

Bei einer fiktiven Abnahme nach § 640 Absatz 2 BGB [6] gilt der Winter- oder Sommergarten als abgenommen, wenn die Abnahme nicht innerhalb dieser Frist unter Angabe von mindestens einem Mangel verweigert wurde. Läuft die vom Auftragnehmer gesetzte Frist ab und hat sich der Auftraggeber nicht mit mindestens einem Mangel gemeldet, gilt die Werkleistung als abgenommen, verbunden mit dem Eintritt der Abnahmeverweigerung. Wegen wesentlicher Mängel kann die Abnahme bis zur Beseitigung verweigert werden. Unwesentliche Mängel hingegen berechtigen nicht zur Abnahmeverweigerung. § 13 Absatz 1 VOB/B [31] sieht vor, dass die Bauleistung zum Abnahmezeitpunkt den anerkannten Regeln der Technik und der vereinbarten Beschaffenheit zu entsprechen hat. Demnach schuldet der

Auftragnehmer zum Zeitpunkt der Abnahme einen Winter- oder Sommergarten, der den vereinbarten Anforderungen und den anerkannten Regeln der Technik entspricht. Nach VOB/B [31] sollte die Ausführung vor Inbetriebnahme zusammen mit dem Auftraggeber auf etwaige Mängel überprüft und diese ggfs. den Verursachern zugeordnet werden. Kommt es dabei nicht zur Einigung zwischen den Beteiligten, wird häufig schon bei kleinsten Unstimmigkeiten ein Sachverständiger bzw. eine Sachverständige beauftragt, den Sachverhalt unter neutralen und objektiven Betrachtungen aufzunehmen und dabei zu klären, ob ein Mangel vorliegt. Der Begriff »Mangel« beinhaltet sowohl eine technische als auch eine rechtliche Komponente. Bausachverständigen ist es nicht erlaubt, Stellungnahmen zur rechtlichen Komponente abzugeben, sie betrachten einen ggfs. vorliegenden Mangel ausschließlich aus technischer Sicht.

Mit der Abnahme beginnt die Gewährleistungszeit des Wintergartens oder des Sommergartens, die gesetzlich auf fünf Jahre [6] festgelegt ist. Innerhalb dieses Zeitraumes kann der Bauherr die Beseitigung technischer Mängel oder Nachbesserungen einfordern. Während vor der Abnahme der Auftragnehmer beweisen muss, dass er für den beanstandeten Mangel nicht verantwortlich ist, kehrt sich mit der Abnahme die Beweislast um. Es muss dann der Bauherr belegen, dass er einen Mangel nicht selbst verursacht hat.

Im Garantiefall übernimmt der vereinbarte Fachhändler die notwendigen Leistungen. Dies setzt eine Wartung der Produkte durch den Fachhändler voraus. Bei einem abgeschlossenen Wartungsvertrag bieten Hersteller ein Schutzpaket über zehn Jahre an.

In vielen Fällen gibt es zwischen Auftraggeber und Auftragnehmer unterschiedliche Auffassungen bezüglich der Mangelfreiheit der Ausführung. Wenn keine Einigung erzielt wird, kann es zu langen juristischen Auseinandersetzungen kommen. Oft geht es dabei um die Einhaltung der anerkannten Regeln der Technik. Für eine fachgerechte Ausführung ist jedoch eine Vielzahl von Regelwerken, Vorschriften und Ausführungsvorgaben einzuhalten. Dabei ist nicht eindeutig definiert, was die anerkannten Regeln der Technik sind. Sie müssen nicht nur theoretisch richtig sein und sich in der Praxis bewährt haben, sondern müssen sich auch in »einschlägigen Praktiker-Kreisen« restlos durchgesetzt haben. Diese Definition bürdet Planenden und Ausführenden ein hohes Risiko auf, denn längst nicht alle technischen Ausführungen können als allgemein bekannt vorausgesetzt werden. Individuelle Einzellösungen sind die Besonderheit eines Wintergartens oder Sommergartens und zeichnen die verschiedenen Hersteller aus. Die Beurteilung einer mangelfreien Ausführung durch den Vergleich der vereinbarten Soll-Beschaffenheit mit der ausgeführten (Ist-)Beschaffenheit auf der Basis von Regelwerken ist deshalb eine schwierige und oftmals komplexe Aufgabe.

13 Wartung – Instandhaltung

Die Wartung ist gleichbedeutend mit der Instandhaltung nach DIN 31051 [32] und dient zur Erhaltung eines funktionsfähigen Sollzustandes eines Winter- oder Sommergartens. Unter ordnungsgemäßer Instandhaltung sind Maßnahmen zu verstehen, die notwendig sind, um einen Sollzustand kontinuierlich zu erhalten. Diese Vorgabe ist Bestandteil der Musterbaubauordnung [4]. Dort heißt es in § 16 (1):

»Bauprodukte dürfen nur verwendet werden, wenn bei ihrer Verwendung die baulichen Anlagen bei ordnungsgemäßer Instandhaltung während einer dem Zweck entsprechenden angemessenen Zeitdauer (...) gebrauchstauglich sind.«

Häufig wird der Kunde über die Wartungsnotwendigkeit des Winter- oder Sommergartens nicht ausreichend informiert. Manchmal erfolgt die Information nur mündlich oder durch die Übergabe eines Merkblattes und gerät deswegen schnell in Vergessenheit.

Für die Instandhaltung eines Winter- oder Sommergartens mit Glasdach, Lamellendach oder Pergolamarkise sind alle Anschlussfugen und Dachfugen zu überprüfen und entsprechende Nacharbeiten an undichten Fugen durchzuführen. Ebenso sind die Türen auf Funktionssicherheit zu überprüfen und über die Beschläge gegebenenfalls nachzustellen. Treten im Laufe der Nutzung Bedienungsstörungen auf, sollte frühzeitig eine Wartung vorgenommen werden. Der Versuch, beispielsweise einen klemmenden Türflügel mit Gewalt zu öffnen, kann zu einem erheblichen Schaden am Beschlag und am Flügelrahmen führen. Wartungsarbeiten sollten in regelmäßigen Intervallen durch Fachkräfte erfolgen. Zur Vereinfachung der durchzuführenden Wartungsmaßnahmen bieten Beschlaghersteller inzwischen häufig eine App an, in denen die erforderlichen Bearbeitungsschritte vorgegeben werden.

Glasdächer und Terrassenüberdachungen benötigen je nach Verschmutzungsgrad eine Glasreinigung. Eine Betretbarkeit des Glasdachs für die Reinigung ist nur gegeben, wenn die Statik der Rahmenkonstruktion und der Glasscheiben sie erlauben. Als betretbare Verglasungen sind **Horizontalverglasungen** einzustufen, die zu Instandhaltungsmaßnahmen wie Reparaturen und Reinigungsarbeiten durch eine Einzelperson **betreten** werden dürfen. Das Mitführen von Arbeitsmitteln, wie Werkzeugen, ist dabei auf Gegenstände beschränkt, die nicht schwerer als 4 kg sind. Eine Ausnahme stellt hier ein mit Wasser gefüllter Kunststoffeimer mit einem maximalen Fassungsvermögen von 10 Litern dar. Diese Vorgaben sind in der DIN 18008 Teil 6 [33] festgelegt.

In einem Mietverhältnis ist die Reinigung des Glasdaches oder des Lamellendaches Sache des Vermieters, es sei denn, der Mietvertrag enthält anderweitige Vereinbarungen.

Eine fachgerechte Glasreinigung ist in verschiedenen Merkblättern und Richtlinien beschrieben. Im Merkblatt GL.01 der Gütegemeinschaft Gebäudereinigung e.V. »Reinigung von vorgespannten ESG- sowie beschichteten Gläsern im Architekturbereich« [42], sind folgende Arbeitsgänge vorgegeben:

- Vornässen bei festhaftenden Verschmutzungen
- Einwaschen der vorgenässten Flächen mit viel Wasser unter Verwendung eines geeigneten Netzmittels
- Einwaschen der Glasflächen mit viel Wasser. Auf ein regelmäßiges Wechseln des Wassers ist zu achten, da eingeschleppter Schmutz neue Kratzer erzeugen kann.
- Abziehen der Glasflächen mit Gummilippe
- Kontrolle der Glasflächen auf Sauberkeit und auf das Vorhandensein von Beschädigungen.
- Anmerkung: Glashobel oder ähnliche Werkzeuge sind untersagt.

Weitere Hinweise enthält das »Merkblatt zur Glasreinigung des Bundesverbands Flachglas e.V.« [41]. Darin wird vor der Verwendung spitzer, scharfer metallischer Gegenstände, z. B. Klingen oder Messer gewarnt, da sie Kratzer auf den Oberflächen verursachen können. Es dürfen nur Reinigungsmittel eingesetzt werden, die die Oberfläche nicht angreifen. Das »Abklingen«, also die Reinigung mit dem Glashobel, ist zur Reinigung ganzer Glasflächen unzulässig. Das Merkblatt fordert, Reinigungsarbeiten unverzüglich abzubrechen, wenn bemerkt wird, dass durch die Reinigung Schäden an den Glasprodukten oder Glasoberflächen auftreten. Zur Vermeidung weiterer Schäden sind in solchen Fällen weitere Informationen einzuholen.

Für die Erhaltung der Funktionssicherheit eines Lamellendaches sind jährliche Wartungen durch Fachpersonal erforderlich. Hierbei sind die elektrischen und mechanischen Teile zu überprüfen, verbunden mit einer Reinigung der Lamellen. Das Lamellendach darf für die Reinigung nicht betreten werden. Die **Reinigung eines Lamellendaches** sollte ein- bis zweimal im Jahr stattfinden. Schmutz und Laub befinden sich vor allem auf dem Dach und in den seitlichen Entwässerungen und sollten entfernt werden. Die Lamellen können senkrecht gewendet und mit Wasser von unten gereinigt werden. Für die Aluminiumoberfläche gibt es spezielle Reinigungssets und die beweglichen Teile sollten regelmäßig gesäubert werden.

Sommergärten mit Lamellendächern oder Pergolamarkisen mit einem elektromotorischen oder kraftbetätigten Antrieb haben Motorteile, die der Witterung ausgesetzt sind, wodurch mit Verschmutzungen, Beschädigungen und Abnutzungen zu rechnen ist. Daher sind die Motoren von Lamellendächern und Pergolamarkisen regelmäßig zu warten und einer sicherheitstechnischen Prüfung zu unterziehen. Die Vorgaben hierfür sind in der Betriebsanweisung festgelegt. Zur Sicherstellung der Gebrauchstauglichkeit ist eine regelmäßige Wartung durch Fachpersonal durchzuführen.

14 Ausführungen, die im Gebrauch zu Mängeln führen

Der Kunde ist nur zufrieden, wenn der Winter- oder Sommergarten mit Glasdach bzw. die Pergola-Konstruktion mit Lamellendach oder Markise funktionssicher und über einen langen Nutzungszeitraum gebrauchstauglich ist. Dies ist nicht immer der Fall. Auch wenn der Winter- oder Sommergarten nach der Abnahme beanstandungsfrei war, können im Laufe der Nutzung unterschiedliche Mängel an den Bauteilen auftreten. Diese Mängel sind meistens auf zunächst nicht erkennbare Fehler bei der Herstellung oder bei der Montage der Bauteile zurückzuführen. Ebenso können auch alterungs- und zeitstandbedingte Veränderungen auftreten, die zu Beeinträchtigungen führen. Ausführungsfehler lassen sich leider nicht immer vermeiden. Sie lassen sich aber reduzieren durch die Beauftragung besonders qualifizierter, erfahrener Fachkräfte, die ihr Wissen sachgerecht umsetzen. Handwerksregeln, die sich in der Praxis bewährt haben, sind Voraussetzung für eine fachgerechte Ausführung. Die späteren Auswirkungen unerkannter Fehler oder Veränderungen schränken die Gebrauchstauglichkeit teilweise erheblich ein. Die Ursachen werden meistens erst im Nachhinein bei Auftreten des Mangels untersucht. Häufig wird die Erwartung nicht erfüllt und der Wintergarten wird zum Ärgernis, wenn z. B. bei Regen Wasser eintritt und die Nutzung einschränkt. Tauwasserbildung an Glasflächen, Überhitzung der Raumluft durch unzureichende Lüftung und unzureichender Sonnenschutz sind ebenso häufige Probleme, die Nutzungseinschränkungen des Wintergartens bedeuten. Hier kann der Bewohner teilweise selber eingreifen und für eine Verbesserung sorgen, um eine angemessene Nutzung zu ermöglichen. Diese Möglichkeit ist aber in manchen Winter- oder Sommergärten nicht gegeben, wie die im Folgenden beschriebenen Fallbeispiele zu Planungs- und Ausführungsmängeln sowie alterungsbedingten Schäden zeigen.

14-1 Mängel durch Planungsfehler

Fallbeispiel 1: Wintergarten mit ungeeigneter Sockelabdichtung

Im Übergang zwischen dem Fundament und den Rahmenaufbauten können Abdichtungen mit Bitumen-Schweißbahnen aus der Flachdachabdichtung keine nachhaltige Abdichtung bewirken. Mit der Schweißbahn entsteht eine starre Verbindung, mit der die Bewegungen der Fensterprofile nicht ausgleichend aufgenommen werden. Es kommt zu oberflächigen Rissbildungen und Ablösungen von den Haftflächen, die zur Hinterwanderung durch Wasser und in der Folge zu Feuchteschäden führen.

Bild 100 Eine Sockelabdichtung mit Schweißbahn ist keine nachhaltige Lösung

Schweißbahnen sind zur Abdichtung der Anschlussfuge im Übergang der Fensterkonstruktion zum Fundament ungeeignet. Hier ist die Verwendung von geeigneten dampfdiffusionsoffenen Bauabdichtungsfolien erforderlich.

Fallbeispiel 2: Konstruktiver Regenschutz

Der konstruktive Regenschutz mit einer Sockelverblechung im Übergang zum Bestandsgebäude benötigt eine geplante Ausführung. Das Sockelblech muss am Übergang zur Gebäudewand einen regendichten Abschluss bilden. Spaltöffnungen führen zu unkontrolliertem Wassereintritt und damit zur Durchfeuchtung des Baukörpers.

Bild 101 Unfertiger Übergang des Sockelbleches

Die Abdeckung mit angepassten Sockelblechen benötigt eine maßgenaue Ausführung, damit ein dichter Anschluss im Übergang zum Bestandsgebäude entsteht.

Fallbeispiel 3: Sockelverblechung

Der Übergang der Sockelverblechung an der Frontseite sollte eine einheitliche Ausführung zwischen Festverglasung und Ausgangstür bilden. Für ein einheitliches Erscheinungsbild müssen die Abmessungen der Verblechung im Übergangsbereich angepasst werden. Wird diese Vorgabe nicht eingehalten, kommt es zur Beanstandung durch den Kunden.

Bild 102 Versetzte Ebenen in der Sockelverblechung wurden beanstandet

Bei der Planung der Grundkonstruktion des Wintergartens ist darauf zu achten, dass die Sockelverblechungen am Übergang von der Festverglasung zum Türelement in einer Flucht liegen.

Fallbeispiel 4: Wasserstau bei horizontalen Pressleisten

Der Übergang der Dachverglasung im Traufenbereich endet bei vielen Konstruktionen mit quer verlaufenden Pressleisten. Bei Regenwetter staut sich das abfließende Wasser an der unteren horizontalen Pressleiste bis zu einer Stauhöhe, die der Dicke der Pressleiste mit dem Dichtprofil entspricht. Durch die geringe Neigung der Glasfläche ergibt sich eine großflächige Wasserlache vor der Pressleiste, die teilweise ca. 20 bis 30 cm in die Glasfläche hinein geht. Bild 103 zeigt beispielhaft den Wasserrückstau an der Dachverglasung. Im geneigten Bereich kann durch den Wasserrückstau die Gefahr des Wassereintritts über die Glasabdichtung zur Raumseite entstehen. In diesem Belastungszustand entsteht gegen das Glasabdichtungsprofil der Pressleiste eine »drückende Wasserbelastung«. Glasabdichtungsprofile sind für »nichtdrückende Wasserbelastung« konstruiert und können bei abfließendem Wasser von der Glasfläche im senkrechten Zustand die Dichtheit sicherstellen. Mit geringer Neigung des Glasdaches kann das Wasser nicht abfließen, sodass die Glasabdichtungsprofile einem drückenden Wasserstau widerstehen müssen. Dabei kann Wasserhinterwanderung zwischen der Dichtprofilauflage zur Glasfläche oder an Schnittstellen, wie bei den Eckausbildungen entstehen, die zu einem Wassereintritt in den Glasfalz führen. Wenn die innere Dichtebene auch nur kleinste Fehlstellen hat, was nahezu unvermeidbar ist, kann Wasser aus dem Glasfalz nicht rückstandsfrei abgeleitet werden und dringt über kleine Spaltöffnungen in die Rahmenkonstruktion und über die Sparrenverbindungen zur Raumseite ein.

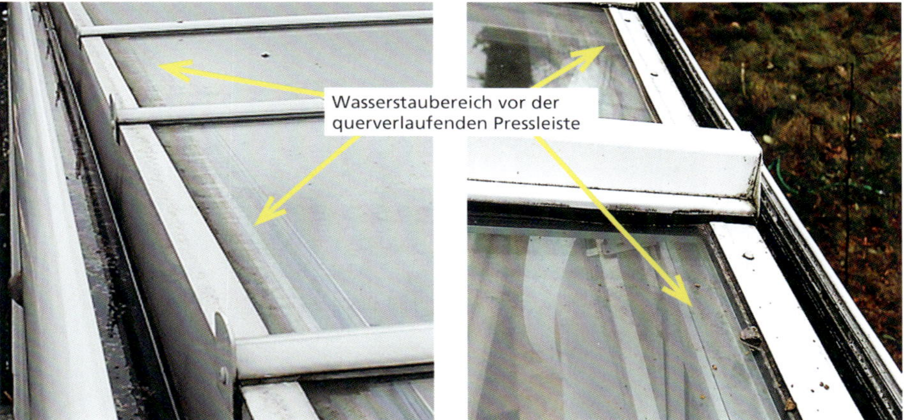

Bild 103 Wasserstauzonen bei Dachverglasungen bei horizontalen Pressleisten

Die Dachverglasung mit quer verlaufenden Pressleisten in der vorderen Abdichtung im Übergang der Pfette führt durch den zwangsläufig erzeugten Wasserstau bei Regenwetter immer zu hohen Belastungen. Diese Glasdachkonstruktion ist diesbezüglich im Vergleich zu einer Konstruktion mit Stufenglas, bei der Wasser ungehindert abfließen kann, besonders anfällig.

Fallbeispiel 5: Feuchteeinlagerung durch Falzeinlagen am Isolierglasrand

Bei der vorliegenden Horizontal-Verglasung am Glasdach hat sich im Laufe der Nutzung gezeigt, dass sich eine Feuchteanreicherung im Kontaktbereich der Falzeinlage zum Isolierglasrand bildet. Die erforderliche Glasfalzbelüftung für den Dampfdruckausgleich wird durch die Falzeinlage erheblich behindert. Bild 104 zeigt die typische Einbausituation einer konturangepassten Falzeinlage, die zu einem Feuchtefilm im direkten Kontakt zum Isolierglasrand führt.

Bild 104 Ausfüllende Falzeinlagen mit konturangepassten Schaumprofilen behindern den Dampfdruckausgleich und die Glasfalzentwässerung

Falzeinlagen im horizontalen Bereich einer Überkopfverglasung führen zu einem Feuchtestau im Glasfalz. Die abgebildete, stramm eingebaute Falzeinlage füllt den Falzraum aus und verhindert die erforderliche Glasfalzbelüftung. Unter der Falzeinlage ist eine Feuchteanreicherung entstanden, die über den Dampfdruckausgleich nicht mehr abgebaut werden kann. Über die Belastungszeit kann sich ein Feuchtesumpf bilden, siehe Bild 105, der erheblich auf die Randabdichtung des Mehrscheiben-Isolierglases einwirkt.

Bild 105 Unter der Falzeinlage befindet sich ein Feuchtesumpf

Die negativen Folgen der Feuchtebelastung des Isolierglasrandes durch konturangepasste Falzeinlagen treten erst nach längerer Belastungszeit auf. Systemhersteller haben hierzu Änderungen vorgenommen, die heute als Dämmeinlage oder HI-Isolator genannt werden. Mit dem Einbau dieser neuen Generation entsteht nur geringer Kontakt der Falzeinlage zur Randabdichtung des Mehrscheiben-Isolierglases. Dieser Freiraum führt zu einer verbesserten Belüftung des Glasfalzes.

Fallbeispiel 6: Fehlerhafte Lagerung des Glasdachs

Anschlussfugen müssen in der Abdichtung Bewegungen aufnehmen und nachhaltig dicht bleiben. Wird diese Grundforderung nicht erfüllt, entstehen Probleme in der Fugendichtheit, wie im vorliegenden Fallbeispiel. In dem Beispiel wurden Profile im Firstdachbereich ohne Abdichtung auf die vorhandene Putz- und Mauerwerkssituation montiert. Im Laufe der Nutzung entstand aufgrund der Bewegungen der Bauteile Reibung in den Auflagen, die zu Putzausbrüchen führte.

Bild 106 Fehlerhafte Lagerung im Glasdachanschluss führte zu Putzausbrüchen

Der Glasdachaufbau muss geeignete Profile im Anschlussbereich haben. Ebenso sind die örtlichen mauerwerksseitigen Auflagerebenen für eine fachgerechte Lagerung und Abdichtung vorzubereiten.

Fallbeispiel 7: Tauwasserbildung im unbeheizten Wintergarten

Bei Wintergärten handelt es sich meist um Wohnräume mit Beheizung und großflächigen Verglasungen, wodurch wärmetechnische Anforderungen zu erfüllen sind. Im vorliegenden Fallbeispiel wurde in dem Wintergarten auf eine Beheizung verzichtet. Der Wintergarten ist durch eine Verbindungstür zum Wohnraum getrennt. In der Folge entstand in der kalten Jahreszeit ein flächiger Tauwasserbelag an allen raumseitigen Glas- und Profilflächen.

Bild 107 Ganzflächiger Tauwasserbelag an Glas- und Profilflächen

Beim Öffnen der Verbindungstür strömt spontan feucht-warme Luft aus dem beheizten Wohnraum in den nicht beheizten Wintergarten. Beim Auftreffen dieser Luft auf die kalten Oberflächen kommt es zur Tauwasserbildung, es entsteht eine Tauwasserfalle mit einem Feuchtigkeitsbelag auf den Oberflächen. Dabei muss die Verbindungstür nicht für einen längeren Zeitraum geöffnet bleiben, ein kurzes Öffnen zum Hindurchgehen reicht bereits aus. Dies entspricht der physikalischen Gesetzmäßigkeit, da der Wasserdampf durch das Dampfdruckgefälle immer von der warmen Seite zur kalten Seite strömt.

Bei einem unbeheizten Wintergarten kann eine Tauwasserbildung an den Glas- und Rahmenflächen auch durch Ausstattung mit Mehrscheiben-Isolierglas und gedämmten Aluminiumprofilen nicht ausgeschlossen werden. Die Tauwasserbildung entsteht durch Dampfdruckgefälle und kann nur vermieden werden, wenn die Luft im Wintergarten wärmer ist als die des Wohnraums.

Die Ursache für die Entstehung von Tauwasser liegt im Allgemeinen in einer Unterschreitung der Taupunkttemperatur. Normale Umgebungsluft enthält immer einem gewissen Anteil aus Wasserdampf. Dabei kann warme Luft mehr Feuchtigkeit aufnehmen als kalte Luft. Bei einem normalen Raumklima mit einer Temperatur von 20 °C und einer relativen Luftfeuchtigkeit von 50 % liegt der Taupunkt bei einer Temperatur von 9,3 °C. Eine Unterschreitung der Taupunkttemperatur führt dazu, dass der in der Luft enthaltene Wasserdampf beim Auftreffen auf der kalten Profiloberfläche zu Tauwasser kondensiert. Da eine Unterschreitung der Taupunkttemperatur nur bei kalten Außentemperaturen möglich ist, tritt dieses Problem nur während der kalten Jahreszeit auf.

Der Abbau eines vorhandenen Tauwasserbelages ist über eine Erhöhung der Oberflächentemperatur möglich. Hierbei verdunstet der Tauwasserbelag langsam und liegt durch das wärmere Innenklima wieder als Wasserdampf in der Umgebungsluft vor. Alternativ oder ergänzend kann der Tauwasserfilm mittels einer starken Luftbewegung, die an den kalten, belegten Glasflächen entlang strömt, konvektiv abgebaut werden.

Fallbeispiel 8: Konstruktive Wärmebrücken an Knotenpunkten

An den oberen Ecken eines Wintergartens entsteht jeweils ein Knotenpunkt durch das Zusammenfügen folgender Bauteile: Pfosten, Traufe und Randsparren (Bild 108). Manche Konstruktionen aus Aluminiumprofilen haben hier einen Schwachpunkt, da unvermeidbar eine konstruktive Wärmebrücke gebildet wird.

Bild 108 Typischer Übergang am Knotenpunkt Pfosten, Traufe, Sparren

In raumseitigen Bereich dieser Knotenpunkte kann die Oberflächentemperatur unter der Taupunkttemperatur liegen, womit bei hohen Raumluftfeuchtigkeiten Tauwasser an den Randzonen ausfällt. Bei kalten Außentemperaturen kommt es zu Tauwasser und Schimmelbildung auf den Rahmenteilen und im Verglasungsbereich der Ebene 1 (Bild 109).

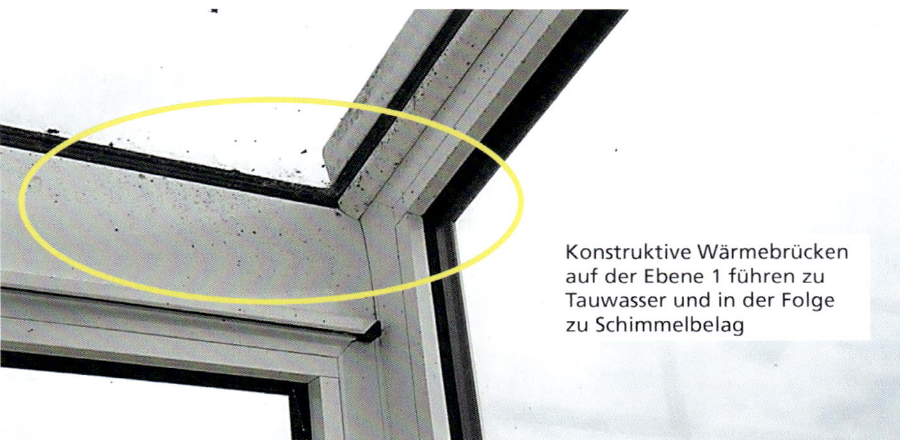

Bild 109 Konstruktive Wärmebrücken führen zu Tauwasser und zu Schimmelbildung

Konstruktive Wärmebrücken lassen sich nicht immer vermeiden. Mit Isothermenberechnungen kann der Wärmestrom untersucht werden. Schwachpunkte mit Wärmebrücken können somit in der Planungsphase erkannt und gegebenenfalls konstruktiv verbessert werden.

Fallbeispiel 9: Thermisch bedingter Glasbruch bei einer Unterdachmarkise

Das Glasdach des Wintergartens oder Sommergartens kann mit einer Aufdachmarkise gegen Sonneneinfall geschützt werden. Im Fallbeispiel wurde eine alternative Lösung gewählt, eine Unterdachmarkise. Der Sonnenschutz befindet sich hier innen, auf der Raumseite. Diese Ausführung hat den Nachteil, dass ein Wärmestau zwischen der Glasfläche und der ausgefahrenen Markise entstehen kann. Besteht keine Belüftung des Zwischenraums, können Temperaturverhältnisse entstehen, die zum Bruch der unteren Scheibe der Dachverglasung führen (Bild 110).

Bild 110 Unterdachmarkise führte zum Glasbruch

Es liegt somit ein thermisch bedingter Glasbruch vor. Thermisch induzierter Glasbruch lässt sich am Bruchverlauf anhand von zwei Merkmalen eindeutig feststellen: »senkrechter Einlauf in die Scheibe« und »rechtwinkliger Verlauf durch die Scheibendicke«. Zur Veranschaulichung sind beide Merkmale in Bild 111 dargestellt. Der Bruch an der raumseitigen Glasscheibe entsteht durch Temperaturunterschiede zwischen Glasfläche und Glasrand, bei denen die Temperaturwechselbeständigkeit des Floatglases überschritten wird. In DIN EN 572-1 »Glas im Bauwesen – Basiserzeugnisse aus Kalk-Natronsilicatglas-Definition und allgemeine physikalische und mechanische Eigenschaften« [34] wird die Beständigkeit gegen Temperaturunterschiede und plötzliche Temperaturwechsel mit 40 K angegeben. Die Angabe in der Norm ist ein charakteristischer Wert, der als Temperaturwechselbeständigkeit bezeichnet wird. Ein Glasbruch kann auch bei Temperaturunterschieden von weniger als 40 K entstehen, wenn die vorhandene Bruchfestigkeit σ_{Br} (Kantenfestigkeit) nicht ausreicht. Die Bruchfestigkeit σ_{Br} ist vom Zustand der Glaskante abhängig und reduziert sich durch schlechte Schnittkanten oder partielle Ausmuschelungen. Bereits kleine Beschädigungen der Glaskante, reduzieren die Kantenfestigkeit und somit die Temperaturwechsel-Beständigkeit.

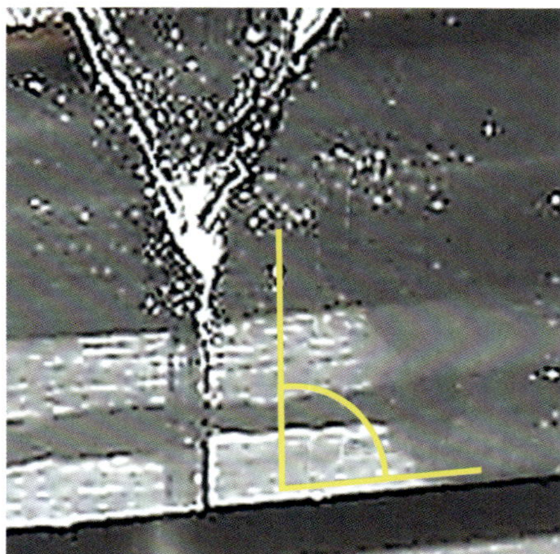

Bild 111 Glasbruchverlauf mit den Merkmalen für einen thermisch induzierten Glasbruch

Thermischer Glasbruch entsteht, wenn die Mitte einer Glasscheibe durch solare Einstrahlung stark erwärmt wird, während der Glasrand noch kühl ist. Durch die thermische Ausdehnung der Glassubstanz in der Scheibenmitte kommt es zu Zugspannungen am Glasrand. Wenn die Zugspannungen größer werden als die Festigkeit im Glaskantenbereich, entsteht Glasbruch. Im vorliegenden Beispiel ist der Bruch der Dachverglasung auf den Wärmestau bei noch kaltem Glasrand unter der Unterdachmarkise zurückzuführen. Zwischen Unterdachmarkise und Dachverglasung muss genügend Freiraum bleiben, damit eine ausreichende Belüftung gewährleistet ist, kein Wärmestau entsteht und der Glasbruch vermieden wird.

14-2 Mängel durch Ausführungsfehler

Fallbeispiel 10: Wintergarten in Holzkonstruktionsweise

Vor ca. 25 Jahren wurde ein Wintergarten aus einer Holzkonstruktion an das vorhandene Wohngebäude angebaut. Im Wintergarten setzt sich die Pflanzenwelt des Gartens fort. Über die Jahre wurde der Wintergarten als zusätzlicher Wohnraum genutzt und mit vielen Zimmerpflanzen dekoriert.

Bild 112 Außen- und Innenansicht des Wintergartens im aktuellen Zustand

Nach vielen Jahren der Nutzung sind typische Alterungs- und Zeitstand-Erscheinungen eingetreten, die zu Einschränkungen in der Gebrauchstauglichkeit führen. Der jetzige Zustand des Wintergartens zeigt viele Mängel:

Risse am Fundament weisen auf eine Veränderung im Bodenbereich oder auf eine nicht ausreichende Festigkeit des Fundaments hin. Die Lageänderung im Fundamentbereich wirkt sich auch auf die Standsicherheit der Holzkonstruktion des Wintergartens aus, in Rahmenverbindungen treten Spaltöffnungen auf.

Bild 113 Risse im Fundament verursachen Veränderungen in der Holzkonstruktion

Bild 114 Fehlstellen in der Verblechung führen zu Wassereintritt in die Holzkonstruktion

Bei Betrachtung der vorgenannten Bilder sind zwei typische schadensverursachende Merkmale zu erkennen.

A: Die Verblechung mit angeformter Fensterbank weist im unteren Übergang zur Holzkonstruktion Spaltöffnungen auf, die zu Wassereintritt in den Holzteilen führen. Das ablaufende und eindringende Regenwasser wird von der Holzsubstanz aufgenommen und bewirkt eine Durchfeuchtung der Holzteile. Mit dem Wasser werden auch Pilzsporen mit eingebracht, die im Laufe der Zeit zu Zellzerstörungen der Holzsubstanz führen. Die Schadensverursachung ist auf einen anfänglich entstandenen Verarbeitungsfehler zurückzuführen.

B: Mit der direkt auf den Holzteilen angebrachten Verblechung wird das Diffusionsgefälle von der Raumseite zur Außenseite in den Holzteilen beeinflusst. Feuchtigkeitsbelastungen von der Raumseite entstehen durch die Pflanzenvielfalt über hohe Luftfeuchtigkeit und Tauwasserbildungen an Rahmen und Glasflächen. Die raumseitigen Holzflächen, Rahmenverbindungen und Fugen bilden im Laufe der Nutzungszeit keine ausreichende Dichtheit mehr. Eine Diffusion von der Raumseite zur Außenseite wird durch die direkt auf den außenseitigen Holzteilen angebrachte Verblechung eingeschränkt. Durch die Verblechung entsteht eine Dampfdiffusionssperre. Von der Raumseite diffundierende Feuchtigkeit staut sich an der Verblechung, wodurch die anstauende Feuchtigkeit von den umgebenden Holzteilen aufgenommen wird. Mit der kontinuierlich auftretenden Wasserbelastung werden die Holzteile durchfeuchtet. Der Holzschädigungsprozess schreitet im Laufe der Zeit voran. In der Folge ist der Grundsatz »innen dichter als außen« nicht mehr erfüllt.

Die Auswirkungen ergeben sich erst im Laufe der Zeit. Die angestaute Feuchtigkeit in den Holzteilen führt zu Holzzerstörung. Durch Zersetzten der Zellen verliert die Holzstruktur ihre Festigkeit. An verschiedenen Stellen überdeckt nur die Anstrichschicht die darunterliegende Zerstörung.

Bild 115 Fortgeschrittene Holzzerstörung

Der Wintergarten hat für die Lagerung des Glasdaches eine Traufe (Pfette) aus einem Holzbalken. Dieser steht ca. 10 cm aus der Seitenwand hervor. Dieser kleine Pfettenbereich ist der direkten Witterung ausgesetzt. Durch eindringendes Wasser in den freien, ungeschützten Holzbereich können Pilzsporen in die Holzsubstanz gelangen und führen zu Zellzerstörung.

Bild 116 Lage und Zustand des Pfettenüberstands nach jahrelanger Belastung

Wintergärten in einer handwerklich hergestellten Holzkonstruktion benötigen typische holzschützende Konstruktionsmerkmale für die Sicherstellung der Gebrauchstauglichkeit. Werden diese nicht konsequent eingehalten, entstehen im Laufe der Nutzungszeit erhebliche feuchtebedingte Holzzerstörungen. Der Wintergarten verliert seine Gebrauchstauglichkeit.

Fallbeispiel 11: Bodenfeuchtigkeit

Wurde beim Bodenaufbau des Wintergartens auf eine funktionierende feuchtedämmende Sperrschicht verzichtet oder wurde diese fehlerhaft eingebaut, kann die Bodenfeuchtigkeit in das umliegende Mauerwerk eindringen. Baukörperdurchfeuchtungen mit der Bildung von Schimmelbelag auf den raumseitigen Sichtflächen sind die Folge. Dieser Zustand entsteht erst nach längerer Nutzungszeit. Eine oberflächige Trocknung der Wandschicht führt nicht zur nachhaltigen Problemlösung.

Bild 117 Aufsteigende Bodenfeuchtigkeit führt zu Schimmelbildung

Im beheizten Wintergarten muss der Fußbodenaufbau an der richtigen Stelle eine Sperrschicht zur Vermeidung von aufsteigender Feuchtigkeit enthalten.

Fallbeispiel 12: Fehlerhafte Abdichtung

Feuchteschäden sind häufig Auswirkungen einer undichten Dachverglasung. Regenwasser dringt über undichte Stellen in der Dachverglasung unkontrolliert in die Konstruktion ein und führt zur raumseitigen Durchfeuchtung. Eine kritische Stelle ist der Übergang der Firstpfette zum Bestandsgebäude in der Ebene 3, die regendicht sein muss. Unterschiedliche Abdichtungsausführungen können die Regendichtheit erfüllen. Für Fugenabdichtungen muss das Wandanschlussprofil eine Aufnahme für den Dichtstoff haben. Werden ungeeignete Profile verwendet, kann keine fachgerechte Abdichtung entstehen. In solchen Fällen sind häufig verschmierte Dichtstoffschichten für die Abdichtung vorzufinden. Bild 118 zeigt eine typische fehlerhafte Ausführung, die im Laufe der Nutzung keine dauerhafte regendichte Abdichtung für die Ebene 3 bildet.

Bild 118 Fehlerhafte Abdichtungen in der Wetterschutzebene

Die fehlerhafte Ausführung führt zu Wasserhinterwanderung in die Konstruktion und zu Wassereintritt zur Raumseite. Wassereintritt über Wandanschlüsse mit ablaufenden Wasserspuren kommt erst im Gebrauch des Wintergartens und erst bei entsprechendem Regenwetter zum Vorschein. Abtropfendes Wasser führt mit längerem Erscheinen zu Schimmelbildung an Wandflächen. Der Mangel führt zu erheblichen Einschränkungen in der Gebrauchstauglichkeit.

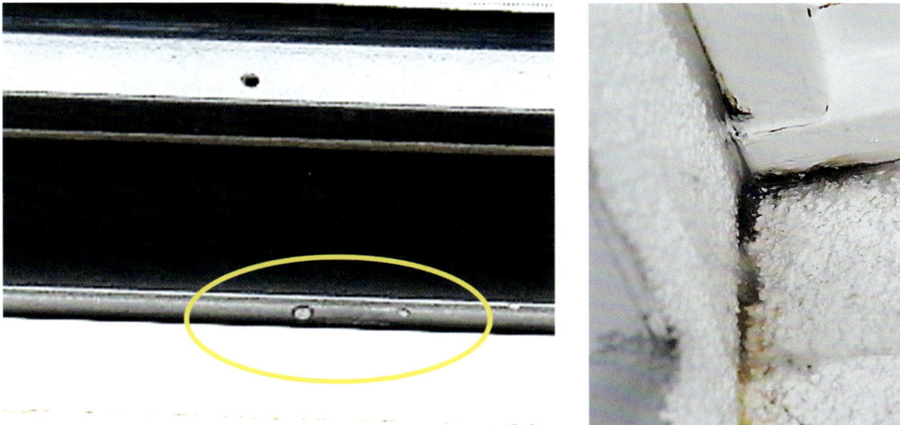

Bild 119 Über undichte Stoßfugen abtropfendes Wasser beim Wandanschluss führt nach längerer Einwirkung zu Schimmelbildung

Der Wandanschluss des Wintergartens im oberen Firstbereich muss regendicht sein. Die Bauteile müssen konstruktiv so ausgebildet sein, dass fachgerechte und regendichte Abdichtungen entstehen.

Fallbeispiel 13: Nicht fachgerechte Abdichtung von Stoßfugen bei Pressleistenverglasung

Mit der Abdichtung des Glasdaches mit Pressleisten entstehen Stoßfugen in Übergängen, die bei Regen zum Wasserstau führen. Um mögliche Undichtheiten in den Übergängen zu schließen, wurden die unterschiedlichen außenseitigen Ebenen mit Dichtstoffschichten versucht, zu schließen. Diese Ausführung kann nur als ein Provisorium betrachtet werden und entspricht keiner fachgerechten Ausführung.

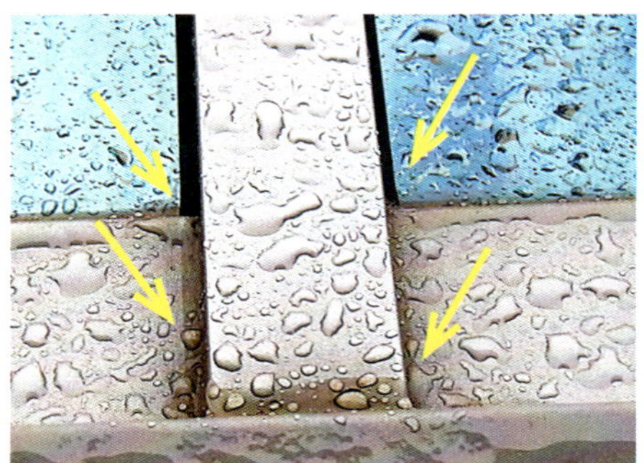

Bild 120 Abdichtung der Übergänge der Pressleisten mit nicht fachgerechter Anwendung des Dichtstoffes

Das Anbringen von Dichtstoffschichten auf vorhandene Abdichtungsprofile der Pressleistenverglasung ist fehlerhaft.

Fallbeispiel 14: Undichte Glasabdichtungen infolge Spaltöffnung

In der raumseitigen Ebene 1 müssen Stoßfugen im Sparen und in den raumseitigen Glasabdichtungen dicht sein. Es kann vorkommen, dass, während diese Vorgabe bei der Fertigstellung des Wintergartens zunächst erfüllt ist, im Laufe der Nutzung Spaltöffnungen an den Verbindungsfugen entstehen. Die Ursache steht im Zusammenhang mit der außenseitigen Glasabdichtung in der Ebene 3. Tritt über Spaltöffnungen Wasser in den Glasfalz ein und kann nicht rückstandsfrei abgeleitet werden, belastet dieses die raumseitige Glasabdichtung. Bei den Verbindungsfugen vom Sparren oder Sparren zur Traufe, sind geringste Spaltöffnungen unvermeidbar. In den Glasfalz eingedrungenes Wasser kann über kleinste Öffnungen als Tropfen zur Raumseite austreten.

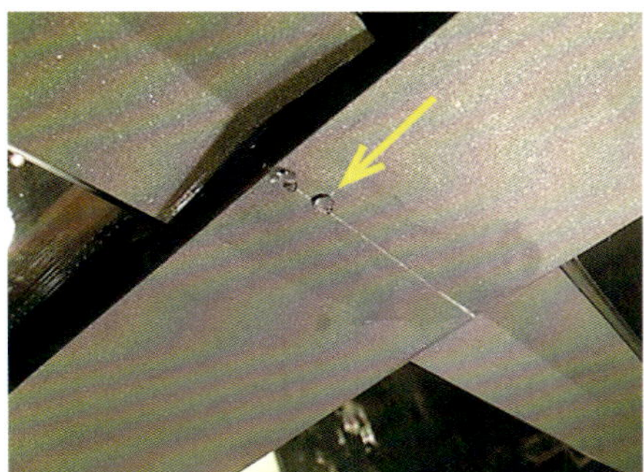

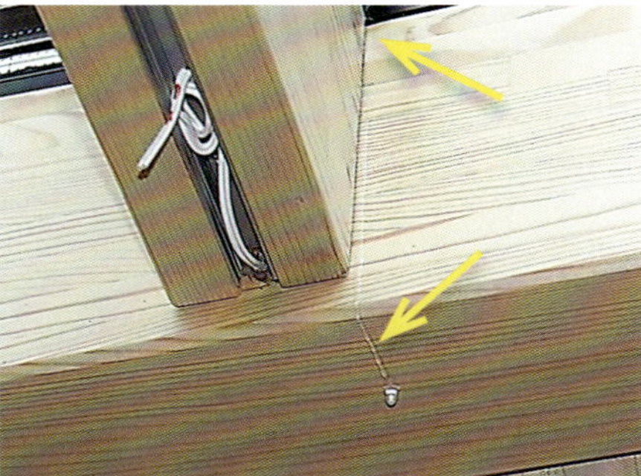

Bild 121 Über minimal undichte Stoßfugen tropft Wasser ab

Rahmenverbindungen von Sparren zur Pfette oder Stoßstellen im Sparrenbereich müssen mechanisch sicher tragen und dicht sein.

Fallbeispiel 15: Fehlerhafte Ausführung der Anschlussfugen zum Kernhaus

Außenseitige Anschlussfugen müssen regendicht sein und benötigen eine elastische Abdichtung. Eine nicht-elastische Abdichtung mit Putzmörtel in den Anschlussfugen, wie sie im vorliegenden Fallbeispiel ausgeführt wurde, führt im Laufe der Nutzung zu Rissen und Spaltbildungen. Mit dieser nicht-fachgerechten Ausführung ist ein nachhaltiger Regenschutz nicht gegeben.

Vorhandene Putzschichten vom Kerngebäude bestehen häufig aus einem Rau- oder Strukturputz. Mit dem Aufbau des Wintergartens zum Kernhaus hat die Anschlussfuge eine Haftfläche aus dem Strukturputz. Die Abdichtung der Anschlussfuge mit einem elastischen Dichtstoff auf einer Haftfläche mit Strukturputz ist nicht nachhaltig. Fehlstellen, Spaltbildungen und Enthaftungen können bei der fehlerhaften Ausführung nicht vermieden werden.

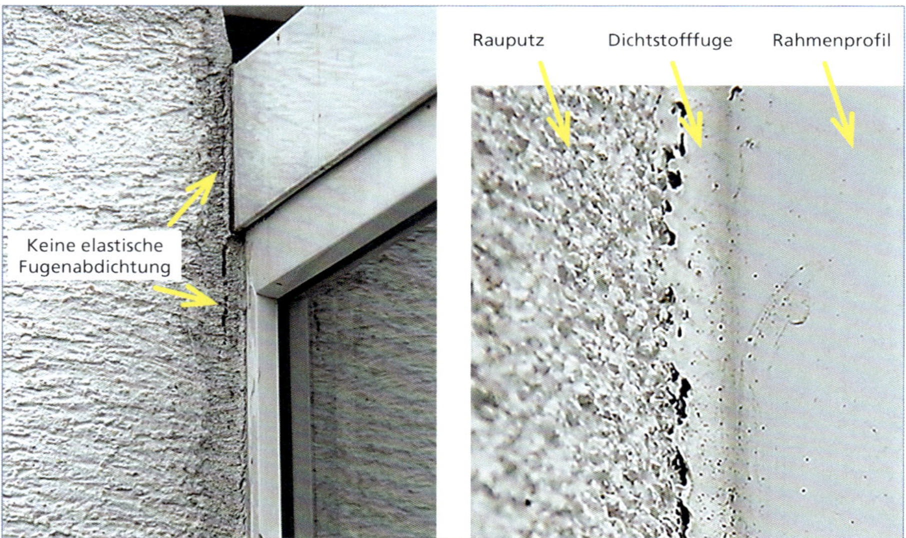

Bild 122 Fehlerhafte Ausführung der Anschlussfugen vom Wintergartenprofil zum Kernhaus

Bei Abdichtungen von Anschlussfugen müssen die Verarbeitungsvorgaben für Dichtstoffe beachtet werden. Sind der Anschlussfuge in einer vorliegenden Bauwerksituation für die Abdichtung mit Dichtstoffen ungeeignet, sind andere, sichere Abdichtungsmaterialien anzuwenden.

Fallbeispiel 16: Überprüfung auf undichte Stellen an den Übergängen

Der Übergang der Türeinheit zur Rahmenkonstruktion der Festverglasung muss regendicht sein. Durch bloße Betrachtung lassen sich diese konstruktiven Stoßstellen nicht eindeutig überprüfen. Besser ist die Überprüfung mithilfe eines Gartenschlauchs. Mit einer einfachen Wasserbesprühung können Schwachstellen aufgedeckt werden, die mit dem Auge nicht zu erkennen sind. Bild 123 zeigt die Durchführung der Prüfung.

Bild 123 Mit einer Wasserbesprühung können undichte Stellen lokalisiert werden

> Profilverbindungen zwischen unterschiedlichen Konstruktionsteilen müssen dicht sein.

Fallbeispiel 17: Kratzer auf Glasflächen

Im Bauablauf und bei der Bauabnahme werden Kratzer im Glasdach oftmals übersehen. Erst wenn die Bewohner nach der Einrichtung des erweiterten Wohn- oder Terrassenbereichs die Glasdachflächen von innen betrachten, fallen ihnen diese Glaskratzer auf. Ihr Verursacher ist dann nur schwer festzustellen, auch wenn Art und Verlauf der Kratzer manche Rückschlüsse erlauben.

Kratzer auf Glasflächen haben unterschiedliche Ausprägungen: sie verlaufen geradlinig, bogenförmig, einspurig, mehrspurig parallel, als Einzelkratzer und als Kratzerscharen mit unterschiedlicher Intensität. Bild 124 zeigt Beispiele für mehrspurig parallel angeordnete Kratzer. Die Kratzer greifen in die Glasfläche ein und sind beim vorsichtigen Überfahren mit dem Fingernagel spürbar zu ertasten. Oftmals befinden sich Kratzer neben der Pressleiste.

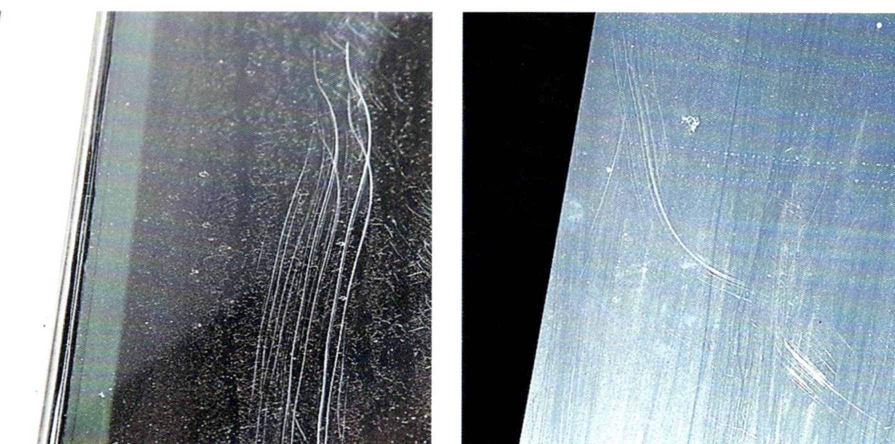

Bild 124 Beispiele für mehrspurig parallel verlaufende Kratzer

Kratzer ohne wiederkehrende Systematik im Verlauf sind kaum eindeutig zuzuordnen. Sie können zum Beispiel durch fehlerhafte Glasreinigung mit Schwamm und Abzieher mit den typischen Wischbewegungen entstehen. Eine professionelle Glasreinigung darf die Glasoberfläche nicht erkennbar angreifen.

Bei Herstellung und Transport der Glasscheiben sind Kratzer nicht zu erwarten, da hierauf bei der Glasauslieferung mit einer werkseigenen Qualitätskontrolle geachtet wird. Ebenso sind Kratzer bei fachgerechten Verglasungsarbeiten, beim Einbau der Glasscheiben oder beim Versiegeln der Fugen nicht zu erwarten.

Auch wenn der Verursacher nicht eindeutig zuzuordnen ist, führen bereits vereinzelte Kratzer zum Unmut der Nutzenden und sollten beseitigt werden.

Bei verkratzten Glasscheiben aus ESG ist eine Mängelbeseitigung nur durch Austausch möglich. Die DIN EN 14179-1 [20] enthält den Warnhinweis, dass eine nachträgliche Bearbeitung von ESG aufgrund des Spannungszustands der Glasoberfläche nicht möglich ist:

»9.1 WARNUNG
Heißgelagertes thermisch vorgespanntes Kalknatron-Einscheibensicherheitsglas darf nach dem Vorspannen nicht geschnitten, gesägt und gebohrt und die Kanten dürfen nicht bearbeitet werden, weil sich dadurch das Bruchrisiko vergrößert oder das Glas unmittelbar zerstört werden kann.«

Durch einen nachträglichen Oberflächenabtrag kann sich das Spannungsgefüge im ESG-Querschnitt ungünstig verändern. Eine Kratzerentfernung durch Abschleifen oder Polieren der Glasoberfläche darf demnach bei ESG nicht vorgenommen werden.

Kratzer auf Glasflächen sind meistens erst nach der Bauabnahme, einer Grundreinigung und bei entsprechendem Lichteinfall zu erkennen. Der Verursacher kann im Nachhinein oftmals nicht mehr nachgewiesen werden.

Fallbeispiel 18: Ungeeignete Befestigung der Standsäulen

Die Säulen des Sommergartens müssen standfest mit einen tragfähigen Boden verankert werden. Einfache Winkel mit ungeeigneten Befestigungen wie in Bild 125 können die Standsicherheit nicht garantieren.

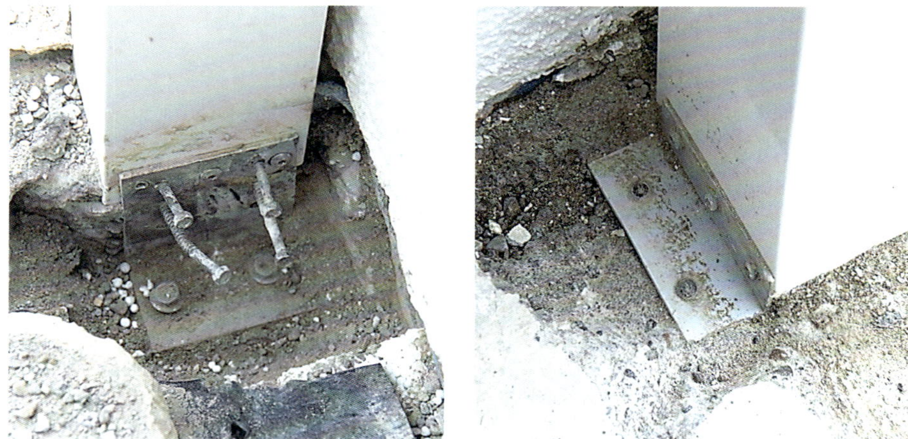

Bild 125 Ungeeignete Befestigung der Standsäulen vom Sommergarten

Die Säulen des Sommergartens müssen mit systemkonformen lastaufnehmenden Befestigungselementen standfest auf dem Untergrund befestigt werden.

14-3 Alterungsbedingte schadhafte Veränderungen

Fallbeispiel 19: Bodenabsenkungen

Die raumseitige Fugenabdichtung zwischen Fliesenboden und Seitenelement der Wandseite zeigt nach kurzer Nutzungszeit Kohäsionsrisse im Dichtstoff. Dies ist ein Zeichen für eine Absenkung des Bodenaufbaus. Bodenabsenkungen sind typisch für einen langzeitig eingesetzten Trocknungsprozess in den verschiedenen Schichten des Bodenaufbaus. Mit der Trocknung entsteht ein Volumenschwund, der zu Bodenabsenkungen führt und sich an den abgesenkten Fugen zu den Fliesen bemerkbar macht. Eine Mangelbeseitigung im Bodenaufbau ist meistens nicht mehr möglich. Mit einer Neuverfugung der raumseitigen Anschlussfuge zum Fliesenboden wird zumindest die optische Störung beseitigt.

Bild 126 Bodenabsenkungen sind an den Kohäsionsrissen im Dichtstoff erkennbar

Im beheizten Wintergarten sind geringe, nachträglich auftretende Bodenabsenkungen durch Trocknungs- und Bodennachgiebigkeiten im Bodenaufbau nicht auszuschließen.

Fallbeispiel 20: Verschmutzung der Spaltöffnungen bei Pressleistenverglasung

Dachverglasungen mit Pressleistenverglasung haben oft Quersprossen, die den Wasserablauf auf der Glasfläche behindern. Anstauendes Regenwasser wird an den Stoßfugen mit einer planmäßigen Fugenbreite von ca. 3 mm abgeleitet. Nachteilig ist bei derartigen Stoßstellen der Pressleisten, dass sich Schmutzschichten in den Spaltöffnungen ablagern. Damit wird der planmäßige Wasserablauf durch den Entwässerungsspalt verhindert. Das anstauende Wasser sucht sich seinen Weg über kleinste Fehlstellen in der Glasabdichtung und tropft zur Raumseite herunter.

Bild 127 Stoßstellen bei Pressleisten mit Schmutzansammlungen verhindern den Wasserablauf

Schmutzansammlungen im Stoßstellenbereich von Pressleisten sind unvermeidbar. Eine regelmäßige Wartung mit Entfernen der Schmutzeinlagerungen ist erforderlich, um einen Wasserablauf zu sichern.

Fallbeispiel 21: Undichte Dachrinnen

Die Dachrinne an der Traufe benötigt einen Ablauf mit Anschluss an das Fallrohr. Damit dieser Übergang mit verschiedenen Formen und Materialien dauerhaft dicht bleibt, ist planmäßig eine zwischenliegende Dichtstoffschicht erforderlich. Im Laufe der Nutzung verändert sich die Dichtstoffschicht und der Anschluss zur Dachrinne wird undicht (Bild 128).

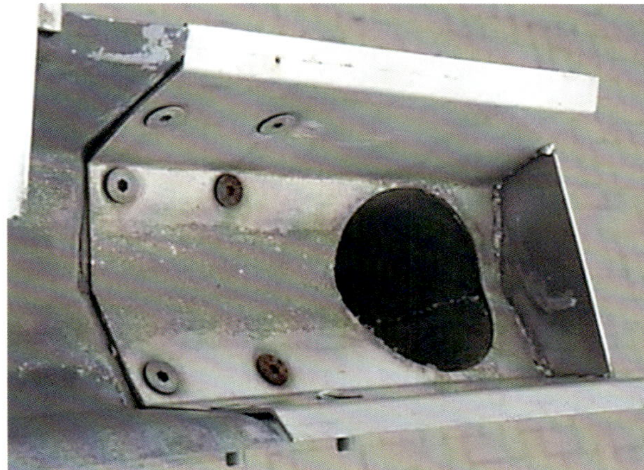

Bild 128 Undichter Wasserablaufanschluss aus der Dachrinne

Fallbeispiel 22: Verschmutzte Dachrinnen

Der Ablauf der Dachrinne in das Fallrohr wird durch einen Einsatzkorb gesichert. Im Laufe der Nutzung lagert sich Schmutz vor dem Einsatzkorb ab und behindert den Wasserablauf (Bild 129).

Bild 129 Verschmutzungen in der Dachrinne behindern den Wasserablauf

Schmutz- und Laubansammlungen in Dachrinnen sind unvermeidbar. Eine regelmäßige Entfernung im Rahmen der Instandhaltung ist erforderlich.

Fallbeispiel 23: Schimmelbildung auf der Dichtstofffuge

Großflächige Dachverglasungen bei Wintergärten benötigen aufgrund ihrer Größe einen horizontalen Glasstoß mit einer Abdichtung zwischen zwei Isolierglasscheiben. Oft erfolgt die Ausführung mit einer Abdichtung der Stoßfuge mit Dichtstoff auf Silikonbasis. Nach einer längeren Nutzungsdauer, bei der häufig Tauwasser an der Unterseite der Verglasung und auf der Dichtstofffuge auftritt, ergeben sich sichtbare Veränderungen im Dichtstoff. Bild 130 zeigt einen solchen Fall.

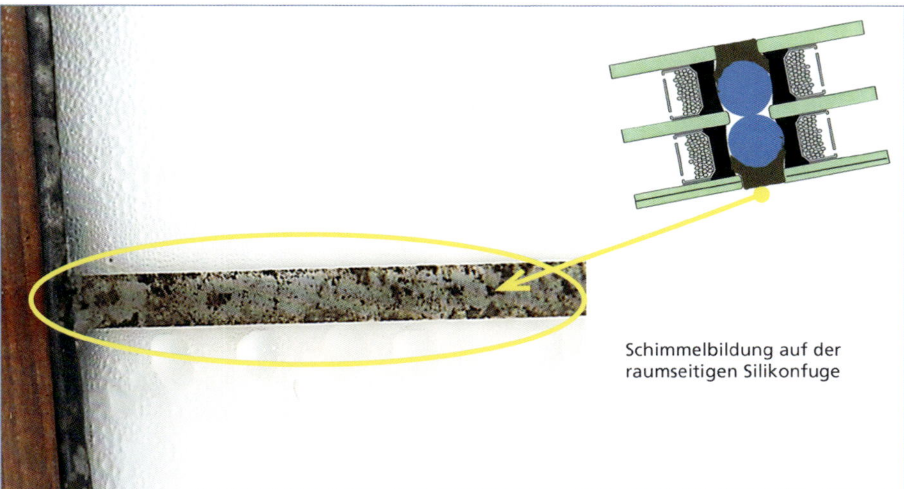

Bild 130 Zustand der Dichtstofffuge durch Tauwasserbelag

Mit hoher raumseitiger Klimabelastung sind Tauwasser- und Schimmelbildung am unteren Verglasungsbereich in der Verglasungsebene 1 nicht auszuschließen. Das Tauwasser und vorhandene Staubpartikel bilden einen Nährboden für Schimmel. Der Schimmel liegt nicht nur oberflächlich auf, sondern durchdringt die Dichtstoffmasse und lagert sich im Dichtstoffsubstrat an. Die Flecken lassen sich weder mechanisch noch durch Haushaltsreiniger von der Oberfläche des Dichtstoffes entfernen.

Die Nutzenden können zur Vermeidung von Schimmel auf der Dichtstofffuge beitragen. Mit einem gemäßigten Raumklima durch ein kontrolliertes Heizen und Lüften der Räume kann die Tauwassergefahr reduziert werden. Bei unbeheizten oder sporadisch beheizten Wintergärten kann Tauwasser mit Schimmelbefall im Silikondichtstoff nicht ausgeschlossen werden.

Fallbeispiel 24: Abnutzung von Bürstendichtungen bei Hebeschiebetüren

Hebeschiebetüren, wie schematisch in Bild 131 dargestellt, werden in Wintergärten häufig eingebaut. Die Abdichtung gegen Wind und Regen im Übergang zwischen dem Schiebeflügel und dem Festteil der Tür müssen Dichtebenen erfüllen. Bei Schiebeflügelsystemen werden dazu Bürstendichtungen benutzt. Beim Wegschieben des Flügels streift das Flügelteil an der Bürstendichtung entlang. Im Laufe der Nutzung können die Bürsten an Dichtwirkung verlieren. Es treten dann spürbare Zugerscheinungen im Übergangsbereich zwischen Schiebeflügel und Festverglasung auf.

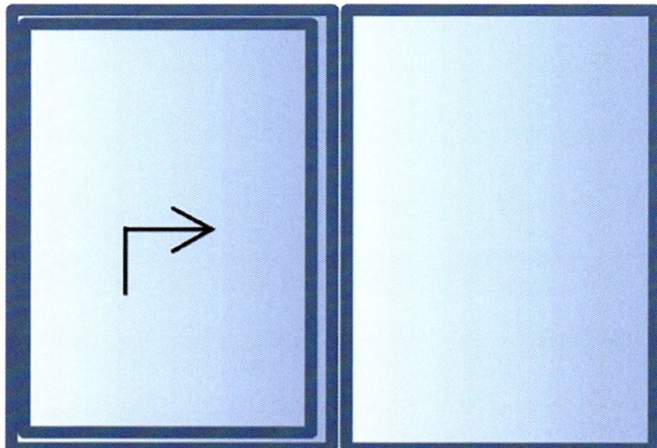

Bild 131 Hebeschiebetüren

Die Dichtheit des geschlossenen Schiebeflügels kann durch eine Rauchprobe mit einer Handnebelmaschine überprüft werden. Bei undichten Fugen kommt der Nebel auf der gegenüberliegenden Seite der Fuge, im Anschlussbereich vom Schiebeflügel zu Festteil, heraus (Bild 132). Mit diesem einfachen Verfahren können Undichtheiten visuell lokalisiert werden, jedoch ohne messbare Volumenströme. Die Undichtigkeit kann im Rahmen einer Instandsetzung durch Fachpersonal behoben werden. Die geschädigten Bürstendichtungen sind zu erneuern und der Übergang der vertikalen Dichtebene zur oberen Dichtebene zu überarbeiten.

Bild 132 Beispiel für Überprüfung der Dichtheit am Übergang des Schiebeflügels

Schiebeflügelsysteme mit Bürstendichtungen haben in den Übergängen Schwachstellen, an denen partielle Undichtigkeiten entstehen.

Fallbeispiel 25: Planung und Instandhaltung von Faltschiebewänden

Die Flügel von Faltschiebewänden wie in Bild 133, haben zum unteren Schwellenprofil und zum oberen Führungsprofil im Traufenbereich eine Gleitführung. Die Flügelabmessungen sind auf die lichte Höhe zwischen Schwellenprofil und dem oberen Führungsprofil abgestimmt. Das obere Führungsprofil ist am Traufbereich des Glasdaches befestigt. Die Dimensionierung der Traufe berücksichtigt eine planmäßige Durchbiegung bei 3 m Stützweite von ≤L/200. Die Durchbiegung überträgt sich auf das Gleitprofil der oberen Führung. Für eine störungsfreie Gleitbewegung der Flügel muss bei der Planung die mögliche Durchbiegung der Traufe im Bewegungsablauf der Faltschiebeanlage berücksichtigt werden. Die obere Gleitführung hat im Führungsprofil einen Toleranzbereich von wenigen Millimetern. Entsteht bei dem oberen Führungsprofil in Verbindung mit der Traufe eine Durchbiegung, die den Freiraum des Gleitbolzens in der Führung überschreitet, kann der Flügel beim Wegschieben klemmen. Der Flügel zerquetscht hierbei die Bürstendichtungen im oberen und unteren Bereich (siehe Bild 134).

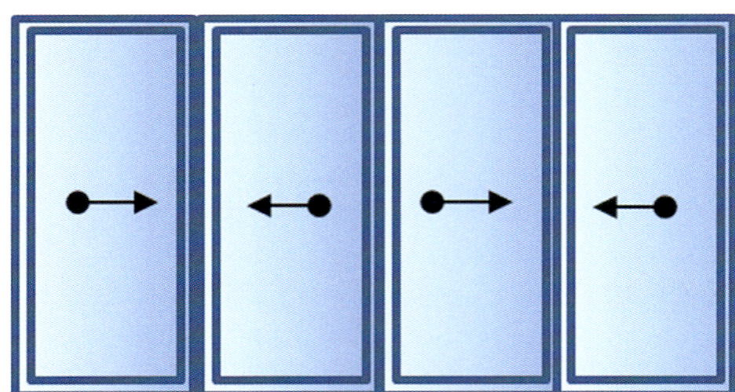

Bild 133 Faltschiebewand

Bild 134 Verformung der oberen und der unteren Bürstendichtung bei geöffneten Flügeln

Besondere fachkundige Wartung ist bei Faltschiebewänden erforderlich, damit die Führungsschienen immer frei von behindernden Fremdteilen bleiben. Dies gilt insbesondere bei Konstruktionen mit Bürstendichtungen, deren Auswechseln je nach Gebrauchszustand erforderlich wird.

Für das Öffnen und Schließen der Faltschiebewand muss der Bediener geschult sein. Im Laufe der Nutzung kann Schwergängigkeit entstehen, die zu Bedienungsstörungen führt. Eine regelmäßige Instandhaltung der Gleitführungen und der Bürstendichtung ist erforderlich.

Fallbeispiel 26: Geräusche bei Scheiben mit eingelegten Sprossen

Tür- und Seitenteile aus Mehrscheiben-Isolierglas mit in den Scheibenzwischenraum eingelegten Sprossen sind beliebt. Es können jedoch, durch Erschütterungen oder Schwingungen Klappergeräusche an den Sprossen auftreten. Fenstertüren und Festverglasungen mit einem Sprossenkreuz sind dafür besonders anfällig. Klappernde Sprossen werden häufig beanstandet. Abhilfe zur Minderung der Störgeräusche schaffen elastische Dämpfungselemente auf Sprossen und Sprossenkreuze, wie in Bild 135 gezeigt.

Bild 135 Beispiele für typische Dämpfungselemente am Sprossenkreuz zur Klapperminderung

Mehrscheiben-Isolierglas mit Sprossen im Scheibenzwischenraum benötigt Dämpfungselemente zur Minderung von Klappergeräuschen.

Fallbeispiel 27: Laub und Schmutz auf dem Lamellendach

Wird ein Lamellendach in der Übergangszeit nicht geöffnet, lagern sich Laub und Schmutz auf der außenseitigen Lamellendachfläche ab (Bild 136). Wird das Lamellendach in diesem Zustand geöffnet, fallen die Ablagerungen unkontrolliert herunter und verschmutzen den darunterliegenden Raum. Eine Reinigung des geschlossenen Lamellendaches ist schwierig, da es nur von der freien Seite zugänglich ist und nicht betreten werden darf.

Bild 136 Auf dem geschlossenen Lamellendach lagern sich Schmutz und Laub ab

In die oben, zur Raumseite hin integrierte Regenrinne kann bei Wind durch die seitlichen Öffnungen des Lamellendaches Laub eindringen. Auch bei einem eingesetzten Laubgitter oberhalb der Regenrinne behindert die Laubansammlung den Regenablauf (Bild 137).

Bild 137 Laubansammlung auf dem Gitter der Regenrinne beim Lamellendach

Auf dem geschlossenen Lamellendach der Pergola ist eine Laub- und Schmutzansammlung nicht zu vermeiden. Das Entfernen von Laub und Schmutz erweist sich schwierig, da die Zugänglichkeit von der Oberseite sehr begrenzt ist. Reinigung und Wartung sind regelmäßig durchzuführen, um die Funktion des Lamellendaches inklusive Motoreneinheit sicherzustellen.

15 Fazit

Zusammenfassend lassen sich aus den aufgeführten Fallbeispielen und technischen Betrachtungen eine Reihe von Empfehlungen für Planer und Ausführende ableiten:

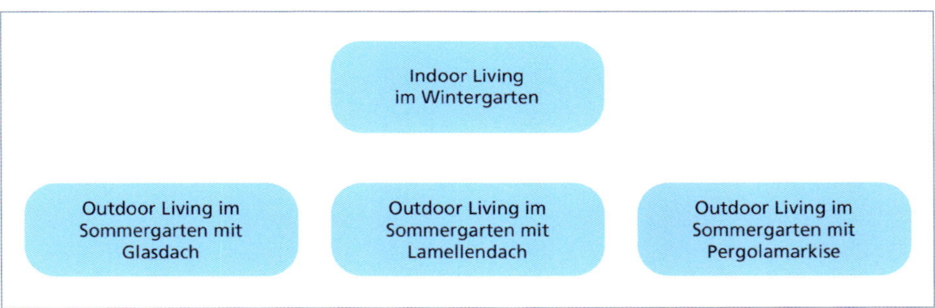

Bild 138 Wintergarten oder Sommergarten

- Die Kundenwünsche müssen in die Planungsphase einfließen. Der Bauherr erwartet eine wirtschaftliche Lösung mit langfristiger und nachhaltiger Nutzung. Nicht alle Wünsche lassen sich technisch umsetzen. Dabei muss auch der finanzielle Aspekt berücksichtigt werden, denn sowohl beim Wintergarten wie beim Sommergarten entstehen bei fachgerechter Ausführung hohe Kosten. Mögliche Förderprogramme, verbunden mit Förderkrediten zu günstigen Zinskonditionen, sollte der Bauherr tagesaktuell erfragen.
- Der Markt bietet eine Vielzahl an Systemkonstruktionen an. Entspricht der System-Wintergarten oder System-Sommergarten den Wunschvorstellungen des Nutzers? Kann ein fertiges System funktions- und standsicher an den örtlichen Bestandsbau oder Neubau angebaut werden? Ist eine schlüsselfertige Erstellung möglich? Dies sind Fragen, die vorab geklärt werden müssen.
- Fertige Systemkomponenten sind Bauprodukte, die nach dem Bauproduktgesetz [5] nur in den Verkehr gebracht und frei gehandelt werden dürfen, wenn sie nach § 5 brauchbar und nach § 8 aufgrund nachgewiesener Konformität mit dem CE-Zeichen nach § 12 gekennzeichnet sind. Der Bauherr sollte darauf achten, dass ausschließlich Bauprodukte mit CE-Zeichen verwendet werden.

- Kann die Wunschvorstellung des Bewohners für einen Wintergarten oder Sommergarten nur mit einer individuellen Konstruktion geplant und erstellt werden? Hier ist der örtliche, fachkundige Handwerksbetrieb gefordert.
- Während der Planung müssen die wärmetechnischen Bedingungen geklärt werden, inklusive der Wahl der Rahmen- und Glaselemente, des Sonnenschutzes, der Fenster und Türöffnungen sowie die Wahl der Architektur. Diese grundlegenden Punkte sind im Einklang mit der technischen Machbarkeit und den Vorstellungen des Bauherren zu klären.
- Für den beabsichtigten Wintergarten sind die aktuellen politischen Entscheidungen, vor allem den möglichen Änderungen zum Gebäudeenergiegesetz (GEG) zu beachten. Diese betreffen primär die wärmetechnischen Dämmwerte und die Vorgaben zum Heizsystem. Ebenso sind die zukünftigen Auflagen von einer europäischen Gebäudeenergieeffizienzrichtlinie (EPBD) [2] noch nicht absehbar.
- Die Ausführung des Wintergartens oder des Sommergartens mit Glasdach muss in den Dachverglasungen und den Anschlussfugen dicht gegen Wind und Regen sein. Diese Grundanforderungen sind schon immer Bestandteile der DIN 18361 »Verglasungsarbeiten« [22], aber trotzdem treten in diesem Bereich immer wieder Probleme auf. Diese lassen sich in nur wenigen Fällen im Rahmen einer Gewährleistung beheben. Schon in der Planungsphase und in der Ausführung der Dachverglasung ist die Dichtheit eingehend zu berücksichtigen.
- Im Vorfeld sind viele Fragen zu klären, die eine technische Beratung erfordern. Die Unterstützung des Bauherrn durch fachkundige Wintergartenplaner ist empfehlenswert. Systemanbieter haben ausgebildete und geschulte Fachkräfte, die eine fachgerechte Montage sicherstellen. Ein technisch fachgerechter Zustand und ein reibungsloser Montageablauf unter Kontrolle eines Planers bzw. einer Planerin geben den Bauherren Sicherheit.
- Sind nach der Fertigstellung alle Vereinbarungen fachgerecht ausgeführt worden? Mit einer Bauabnahme lässt sich das klären.
- Der ausgeführte Wintergarten oder Sommergarten kann im Gebrauch zum Ärgernis werden, wenn Undichtheiten oder Funktionsstörungen auftreten. Systembedingte Leistungseigenschaften von Sommergärten können mit gewissen Einschränkungen der Funktionseigenschaften einhergehen, die in der Bedienung und im Gebrauch durch den Nutzer zu beachten sind.
- Wartung und Instandhaltung werden im Gebrauch oft vernachlässigt. Sie sind jedoch eine unverzichtbare Notwendigkeit, um den ursprünglichen und funktionssicheren Sollzustand zu erhalten. Insbesondere gilt dies für die elektromechanischen Antriebe am Lamellendach, der Pergolamarkise und ebenso für Aufdach- und Unterdach-Markisen bei Glasdächern.

- Steigende Kosten für Material und Arbeit sind bei der Planung zu berücksichtigen. Es kann nicht ausgeschlossen werden, dass die Herstellung vom Winter- oder Sommergarten durch weitere gesetzliche Auflagen zur energetischen Verbesserung in Zukunft noch komplexer und teurer wird. Dies sollte jedoch die Motivation von Bauwilligen nicht dämpfen. Der allgemeine Trend zeigt, dass der Marktanteil für Terrassendächer zunimmt, da ihre Errichtung wesentlich einfacher ist als die von Wintergärten.

Die Betrachtungen zum Wintergarten oder Sommergarten mit Glasdach, Lamellendach oder Pergolamarkise in diesem Buch zeigen, wie komplex die Bauarten sind und welche verschiedenen Gewerke an der Fertigstellung beteiligt sind. Bezüglich der Einhaltung der vielen Regelwerke der beteiligten Gewerke treten oft Meinungsverschiedenheiten auf. Regelwerke enthalten theoretisch richtige Vorgaben, die zu beachten sind. Bei der praktischen Umsetzung ergeben sich jedoch teilweise unvermeidbare Abweichungen, die dem Bauzustand geschuldet sind. Die Bewertung der Abweichungen ist eine Abwägung im Umgang mit den Regeln. Manche bauüblichen Abweichungen sind vom Besteller als hinzunehmende Unregelmäßigkeit zu akzeptieren. Aber wo liegen hier die Grenzen der Zumutbarkeit?

Entscheidend erscheint aus Sicht des Autors, dass der Winter- oder Sommergarten standsicher und regendicht und die Gebrauchstauglichkeit nachhaltig gesichert ist.

16 Anhang

16-1 Literatur

Gesetze und Verordnungen

[1] Gebäudeenergiegesetz (GEG). Gesetz zur Vereinheitlichung des Energieeinsparrechts für Gebäude und zur Änderung weiterer Gesetze; Bundesgesetzblatt Jahrgang 2020 Teil I Nr. 37, ausgegeben zu Bonn am 13. August 2020, geändert am 16. Oktober 2023 (BGB 2023; Nr. 280)

[2] Gesamtenergieeffizienz von Gebäuden EPBD (Neufassung). Abänderungen des Europäischen Parlaments vom 14. März 2023 zu dem Vorschlag für eine Richtlinie des Europäischen Parlaments und des Rates über die Gesamtenergieeffizienz von Gebäuden (Neufassung) (COM(2021)0802 – C9-0469/2021 – 2021/0426(COD))

[3] Honorarordnung für Architekten und Ingenieure (HOAI). Verordnung über die Honorare für Architekten- und Ingenieurleistungen; Verordnung vom 10.07.2013 (BGBl. I. S. 2 276), in Kraft getreten am 17.07.2013 geändert durch Verordnung vom 02.12.2020 (BGBl. I. S. 2 636) m. W. v. 01.01.2021

[4] Musterbauordnung (MBO). Fassung November 2002. Zuletzt geändert durch Beschluss der Bauministerkonferenz vom 27.09.2019. URL: https://www.bauministerkonferenz.de/suchen.aspx?id=762&o=759O762&s=musterbauordnung (Stand: 25.06.2021)

[5] Verordnung (EU) Nr. 305/2011 des europäischen Parlaments und des Rates vom 9. März 2011 zur Festlegung harmonisierter Bedingungen für die Vermarktung von Bauprodukten und zur Aufhebung der Richtlinie 89/106/EWG des Rates

[6] Bürgerliches Gesetzbuch (BGB), § 640 Abnahme, Abs. URL: https://www.gesetze-im-internet.de/bgb/__640.html (Stand 25.06.2021)

DIN-Normen

[7] DIN 18299:2019-09: VOB Vergabe- und Vertragsordnung für Bauleistungen – Teil C: Allgemeine Technische Vertragsbedingungen für Bauleistungen (ATV) – Allgemeine Regelungen für Bauarbeiten jeder Art

[8] DIN 4108-2:2013-02: Wärmeschutz und Energie-Einsparung in Gebäuden – Teil 2: Mindestanforderungen an den Wärmeschutz

[9] DIN EN 1991-1-1/NA:2010-12: Nationaler Anhang – National festgelegte Parameter – Eurocode 1: Einwirkungen auf Tragwerke –Teil 1-1: Allgemeine Einwirkungen auf Tragwerke – Wichten – Eigengewicht und Nutzlasten im Hochbau

[10] DIN 18008-1:2020-05: Glas im Bauwesen – Bemessungs- und Konstruktionsregeln – Teil 1: Begriffe und allgemeine Grundlagen

[11] DIN 18008-2:2020-05: Glas im Bauwesen – Bemessungs- und Konstruktionsregeln – Teil 2: Linienförmig gelagerte Verglasungen

[12] DIN EN 12020-1:2022-05: Aluminium und Aluminiumlegierungen – Stranggepresste Präzisionsprofile aus Legierungen EN AW-6060 und EN AW-6063 – Teil 1: Technische Lieferbedingungen

[13] DIN EN 206:2021-06: Beton - Festlegung, Eigenschaften, Herstellung und Konformität

[14] DIN EN 1433:2005-09: Entwässerungsrinnen für Verkehrsflächen - Klassifizierung, Bau- und Prüfgrundsätze, Kennzeichnung und Beurteilung der Konformität

[15] DIN EN 13984:2013-05: Abdichtungsbahnen – Kunststoff- und Elastomer-Dampfsperrbahnen – Definitionen und Eigenschaften

[16] DIN EN 612:2005-04: Hängedachrinnen mit Aussteifung der Rinnenvorderseite und Regenrohre aus Metallblech mit Nahtverbindungen

[17] DIN EN ISO 12543-1:2011-12: Glas im Bauwesen – Verbundglas und Verbund-Sicherheitsglas – Teil 1: Definitionen und Beschreibung von Bestandteilen

[18] DIN EN 572-1:2016-06: Glas im Bauwesen – Basiserzeugnisse aus Kalk-Natronsilicatglas – Teil 1: Definition und allgemeine physikalische und mechanische Eigenschaften

[19] DIN EN 1863-1:2012-02: Glas im Bauwesen – Teilvorgespanntes Kalknatronglas – Teil 1: Definition und Beschreibung

[20] DIN EN 14179-1:2016-12: Glas im Bauwesen – Heißgelagertes thermisch vorgespanntes Kalknatron-Einscheiben-Sicherheitsglas – Teil 1: Definition und Beschreibung

[21] DIN EN 12150-1:2020-07: Glas im Bauwesen – Thermisch vorgespanntes Kalknatron-Einscheiben-Sicherheitsglas – Teil 1: Definition und Beschreibung

[22] DIN 18361:2023-09: VOB Vergabe- und Vertragsordnung für Bauleistungen – Teil C: Allgemeine Technische Vertragsbedingungen für Bauleistungen (ATV) – Verglasungsarbeiten

[23] DIN EN 14351-1:2016-12: Fenster und Türen – Produktnorm, Leistungseigenschaften – Teil 1: Fenster und Außentüren

[24] DIN 18040-1:2010-10: Barrierefreies Bauen – Planungsgrundlagen – Teil 1: Öffentlich zugängliche Gebäude

[25] DIN EN 12207:2017-03: Fenster und Türen – Luftdurchlässigkeit – Klassifizierung

[26] DIN 18339:2019-09: VOB Vergabe- und Vertragsordnung für Bauleistungen – Teil C: Allgemeine Technische Vertragsbedingungen für Bauleistungen (ATV) – Klempnerarbeiten

[27] DIN EN 15651-1:2017-07: Fugendichtstoffe für nicht tragende Anwendungen in Gebäuden und Fußgängerwegen – Teil 1: Fugendichtstoffe für Fassadenelemente

[28] DIN 18540:2014-09: Abdichten von Außenwandfugen im Hochbau mit Fugendichtstoffen

[29] DIN EN 12216:2018-12: Abschlüsse – Terminologie, Benennungen und Definitionen

[30] DIN EN 13561:2015-08: Markisen – Leistungs- und Sicherheitsanforderungen

[31] DIN 1961:2016-09: VOB Vergabe- und Vertragsbedingung für Bauleistungen – Teil B: Allgemeine Vertragsbedingungen für die Ausführung von Bauleistungen

[32] DIN 31051:2019-06: Grundlagen der Instandhaltung

[33] DIN 18008-6:2018-02: Glas im Bauwesen – Bemessungs- und Konstruktionsregeln – Teil 6: Zusatzanforderungen an zu Instandhaltungsmaßnahmen betretbare Verglasungen und an durchsturzsichere Verglasungen

[34] DIN EN 572-1:2016-06: Glas im Bauwesen – Basiserzeugnisse aus Kalk-Natronsilicatglas-Definition und allgemeine physikalische und mechanische Eigenschaften

[35] DIN EN 1863-1:2012-02: Glas im Bauwesen – Teilvorgespanntes Kalknatronglas – Teil 1: Definition und Beschreibung

Merkblätter, Richtlinien und Veröffentlichungen

[36] Institut für Fenstertechnik e.V. (ift Rosenheim) (Hrsg.): ift-Richtlinie VE-07/3: Mehrscheiben-Isolierglas mit beweglichen Sonnenschutzsystemen integriert im Scheibenzwischenraum. Nachweis der Gebrauchstauglichkeit von Mehrscheiben-Isolierglas (MIG) mit integrierten beweglichen Einbauten. Rosenheim: ift Rosenheim, 2018

[37] Institut für Fenstertechnik e.V. (ift Rosenheim) (Hrsg.): ift-Richtlinie VE-08/04: 03-2017: Beurteilungsgrundlage für geklebte Verglasungssysteme. Rosenheim: ift Rosenheim, 2017

[38] Bundesinnungsverband des Glaserhandwerks; Verband Fenster + Fassade; RAL Gütergemeinschaft Fenster und Haustüren e.V. (Hrsg.): Technische Richtlinien Nr. 20. Leitfaden zur Planung und Ausführung der Montage von Fenstern und Haustüren für Neubau und Renovierung. 7. Aufl. Düsseldorf: Verlagsanstalt Handwerk, 2020

[39] Verband Fenster + Fassade (Hrsg.): VFF-Merkblatt V.04. Selbstreinigungsverhalten von beschichteten Glasoberflächen im Fenster- und Fassadenbau. Ausgabe März 2023. Frankfurt am Main: Verband Fenster + Fassade, 2023

[40] Institut für Fenstertechnik e.V. (ift Rosenheim) (Hrsg.): ift Fachinformation VE 12/1. Überkopfverglasung mit geringer Neigung. Rosenheim: ift Rosenheim, 2009

[41] Bundesverband Flachglas e.V. (Hrsg.): Merkblatt 012/2012: Reinigung von Glas. Troisdorf: Bundesverband Flachglas e.V., 2012

[42] Gütegemeinschaft Gebäudereinigung (Hrsg.): Merkblatt GL.01: Reinigung von vorgespannten ESG- und beschichteten Gläsern. Ausgabe April 2010. : Berlin: Gütegemeinschaft Gebäudereinigung, 2010

[43] Bundesverband Wintergarten e.V. (Hrsg.): Wintergarten – Glashaus – Terrassendach – Wintergartenbau. URL: https://bundesverband-wintergarten.de (Stand: 20.08.2023)

[44] Wintergarten-Fachverband e.V. (Hrsg.): Wintergarten Fachverband e.V. URL: https://wintergarten-fachverband.de (Stand: 10.08.2023)

[45] Brack, Matthias: Lamellendach – darauf sollten Sie achten. URL: https://brack-wintergarten.de/lamellendach/ (Stand: 10.08.2023)

[46] Oberbayerisches Volksblatt; Ausgabe 07. Juli 2023; Seite 17 https://www.ovb-online.de/rosenheim/chiemgau/ro-ch-gem/antrag-auf-anbaueines-wintergartens-92386737.html

16-2 Stichwortverzeichnis

U

V

W

Z